Windows Server 2022
服务器配置与管理

郭肇毅　张建东　张贵红 / 主编

延吉·延边大学出版社

图书在版编目（CIP）数据

Windows Server 2022 服务器配置与管理 / 郭肇毅，

张建东 , 张贵红主编 . -- 延吉 : 延边大学出版社，

2024. 5. -- ISBN 978-7-230-06651-8

　　I. TP316.86

中国国家版本馆 CIP 数据核字第 2024RQ8055 号

Windows Server 2022 服务器配置与管理

主　　编：郭肇毅　张建东　张贵红

责任编辑：史　雪

封面设计：文合文化

出版发行：延边大学出版社

社　　址：吉林省延吉市公园路 977 号　　　　邮　编：133002

网　　址：http://www.ydcbs.com　　　　　　E-mail：ydcbs@ydcbs.com

电　　话：0433-2732435　　　　　　　　　传　真：0433-2732434

印　　刷：廊坊市海涛印刷有限公司

开　　本：787 毫米 × 1092 毫米　1/16

印　　张：14.25

字　　数：200 千字

版　　次：2024 年 5 月第 1 版

印　　次：2024 年 6 月第 1 次印刷

书　　号：ISBN 978-7-230-06651-8

定　　价：78.00 元

编委会

主 编：

郭肇毅（乐山师范学院）

张建东（乐山师范学院）

张贵红（乐山师范学院）

副主编：

李中华（乐山师范学院）

漆 丽（乐山开放大学）

张大科（成都国信安信息安全产业基地有限公司）

张九华（乐山师范学院）

前　言

Windows Server 2022 是美国微软公司在 2021 年 11 月 5 日发布的一款服务器操作系统，其在硬件支持、服务器部署、网络安全和 Web 应用等方面都提供了良好的功能。

本书共分为十五章，主要涵盖系统管理与维护、活动目录（域）和各类服务器角色的配置与应用三个方面。

系统管理与维护的相关内容主要体现在第一、三、四、五、十五章。读者可以通过学习这些章节，了解并掌握 Windows Server 2022 中关于系统管理与维护方面的内容。

活动目录（域）的相关内容主要体现在第六章。关于活动目录（域）方面的知识，如果要详细讲，完全可以再写一本书，笔者根据实际需要，在本书中对这部分知识进行了弱化，有兴趣的读者可以参阅其他详细介绍活动目录（域）的书籍等资料。

各类服务器角色的配置与应用的相关内容主要体现在第二、七、八、九、十、十一、十二、十三、十四章。读者可以通过学习这些章节，了解并掌握 Windows Server 2022 中关于各类常见服务器角色的配置与应用方面的知识。DNS 服务器的知识被放在第二章来介绍，之所以这样做，是因为很多章节的知识会用到 DNS 服务器，所以，把 DNS 服务器的内容提到前面来介绍。

本书中的某些实验，会用到很多辅助的虚拟机操作系统，如 Windows 7、Windows Server 2008 等。同时，为了编写方便，书中很多地方用了行业内普遍通用的简称，例如，WIN7-1 代表第一台 Windows 7，WIN7-2 代表第二台 Windows 7；WIN2K8 代表 Windows Server 2008；WIN2K22 代表 Windows Server 2022。笔者还将书中的实验中所提到的虚拟机系统的计算机名都改成了相应的简称，例如，实验中的 Windows Server 2022 系统的计算机名是 WIN2K22，其他几个辅助实验的虚拟机系统也是这样。

笔者在此要特别感谢河北师范大学的韩立刚老师，他是笔者学习网络技术的引路人，笔者从他的视频课程中学到了很多关于网络方面的知识，本书中很多实验的灵感取材于韩立刚老师的视频课程。

此外，笔者还要感谢乐山师范学院教材建设资助项目对于本书出版的资助。

对于本书存在的不足之处，欢迎广大读者批评指正。

目　录

第一章　系统安装与基本配置

1.1　Windows Server 2022 系统简介

Windows Server 2022 是美国微软公司研发的服务器操作系统，于 2021 年 11 月 5 日发布。Windows Server 2022 是建立在 Windows Server 2019 基础之上的，在三个关键主题上引入了许多创新：安全性、Azure 混合集成和管理以及应用程序平台。此外，可借助 Azure 版本，利用云的优势使 VM 保持最新状态，同时最大限度地减少停机时间。

截至 2022 年 6 月 14 日，Windows Server 2022 正式版已更新至 OS 内部版本 20348.768。

1.1.1　系统功能

1. 混合云

Windows Server 2022 内置混合云功能，让本地服务器可以像云原生资源一样在 Azure 云平台上进行统一的管理，高级多层安全性硬件、软件、数据、传输一层层加固，不给病毒和恶意攻击可乘之机。

2. 全自动诊疗

Windows Server 2022 自动提供用户需要的服务，包括监控、备份、补丁、安全等，还有"体检报告"，主动检测、自动修正。

3. 热补丁

Windows Server 2022 可以随时进行安全更新部署，不再需要频繁重启，相当于可以醒着给"心脏"做手术，保持血液循环通畅。

4. 安全体系

微软公司在 Windows Server 2022 中引入了许多提升安全性的功能。IT 和 SecOps 团队可以利用 Secured-core server 高级保护功能和预防性防御功能，跨硬件、跨固件、跨虚拟化层，加强系统的安全性。新版本增加了较为快速、安全性较高的加密超文本传输协议安全（HTTPS）和行业标准 AES-256 加密，支持服务器消息块（SMB）协议。

5. 混合能力

Windows Server 2022 可以通过与 Azure Arc 连接，在本地 Windows Server 2022 上获取云服务。此外，在 Windows Server 2022 中，用户可以利用 File Server 增强功能，例如，SMB Compression 通过在网络传输时压缩数据来改善应用程序文件传输效率。Windows Admin Center 可以帮助用户体验现代的服务器管理，如在连接 Azure 的场景中提供新的事件查看器和网关代理支持。

6. 应用平台

在 Windows Server 2022 中，用户还可以看到一些对 Windows 容器的改进之处。Windows Server 2022 提高了 Windows 容器的应用兼容性，其中包括用于节点配置的 HostProcess 容器。HostProcess 容器支持 IPv6 和双协议栈，还支持使用 Calico 实施一致的网络策略。

7. 支持 WSL2

微软公司在 Windows Server 2022 上添加了对 WSL2 发行版的支持。借助 WSL2，微软开始随 Windows 一起发布完整的 Linux 内核，从而实现完整的系统调用兼容性。此外，Linux 发行版的性能明显优于基于 WSL 原始版本的发行版。Linux 现在运行在一种虚拟机（VM）中，但它被设计得比传统 VM 更轻量级、更具原生体验。

1.1.2　系统版本

1. 版本介绍

Windows Server 2022 包括三个许可版本。

（1）Datacenter 版本：适用于高虚拟化数据中心和云环境。

（2）Standard 版本：适用于物理或最低限度虚拟化环境。

（3）Essentials 版本：适用于最多 25 个用户或最多 50 台设备的小型企业。

2. 版本区别

Windows Server 2022 不同版本的区别如表 1-1 所示。

表 1-1　Windows Server 2022 **不同版本的区别**

功能	Windows Server 2022 Datacenter	Windows Server 2022 Standard
Windows Server 的核心功能	无限制	无限制
混合集成	无限制	无限制
OSEs*/Hyper-V 隔离容器	无限制	Windows Server 2022 Standard 许可证包括两个 OSE 或虚拟机的权限
Windows Server 容器	无限制	无限制
存储副本	无限制	Windows Server 2022 Standard 许可证仅限于 2 TB 以内的单存储副本容量
软件定义网络	无限制	不支持
软件定义存储	无限制	不支持

注：表格仅列出版本差异化内容。

1.1.3　系统评价

Windows Server 2022 的正式推出，对于 Windows Server 社区和更广泛的生态系统来说是一个重要的里程碑。它在 Windows Server 容器平台、应用程序兼容性和容器化工具方面带来了诸多创新和功能改进。此版本还引入了一个新的 Server 容器镜像，可支持应用程序具备更好的兼容性。

1.2 安装 Windows Server 2022 系统

1.2.1 系统和硬件设备需求

Windows Server 2022 是微软公司最新发布的服务器操作系统，为了使其正常运行并发挥最佳性能，需要满足一定的服务器配置要求。以下是 Windows Server 2022 的最低要求和推荐要求：

1. 最低要求

处理器（CPU）：64 位的 1.4 GHz 或更高速度的处理器。建议使用多核处理器以提供更好的性能。

内存（RAM）：至少需要 2 GB 的系统内存。建议分配更多的内存以满足应用程序和服务的需求。

硬盘空间：至少需要 32 GB 的可用硬盘空间来安装操作系统。为了支持更多的应用程序、数据和日志文件等，建议提供更大的磁盘空间。

网络适配器：至少需要一个网络适配器以连接到网络。建议使用高速网络适配器以提供更好的网络性能。

2. 推荐要求

处理器（CPU）：建议使用多核处理器，具有更高的时钟频率和缓存容量，以提供更好的性能和响应能力。根据应用程序的需求，可以选择具有更多核心和更高时钟频率的处理器。

内存（RAM）：建议至少提供 16 GB 或更多的系统内存，以满足大型应用程序和服务的需求。具体的内存要求取决于应用程序的性质和负载。

硬盘空间：建议至少提供 40 GB 或更大的可用硬盘空间，以容纳操作系统、应用程序和数据文件。硬盘空间的需求也取决于应用程序和数据的大小。

网络适配器：建议使用高速网络适配器，如千兆以太网适配器或更高速度的适配器，以确保更快的网络传输速度和更低的延迟。

此外，还有一些其他因素需要考虑。

硬件兼容性：在选择服务器配置时，需要确保硬件兼容性。检查硬件供应商的文档或与服务器提供商联系，以了解服务器是否支持 Windows Server 2022，并获取适用于该操作系统的最新驱动程序和固件。

应用程序和服务需求：如果要在 Windows Server 2022 上运行特定的应用程序或服务，就需要了解它们的系统要求。一些应用程序和服务可能需要更高的配置才能正常运行。

可伸缩性和未来增长：根据预期的负载和未来的增长计划，可以选择更高配置的服务器，以便在需要时轻松扩展系统资源。

1.2.2　虚拟机安装 Windows Server 2022 的详细过程

一般来说，作为学习使用的 Windows Server 2022 是安装在虚拟机软件中的，VMware Workstation 是常用的虚拟机软件。下面，将一步一步介绍如何在 VMware Workstation 中安装 Windows Server 2022。

第一步，打开 VMware Workstation，点击"创建新的虚拟机"，如图 1-1 所示。

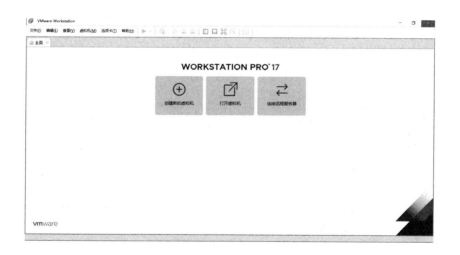

图 1-1　打开虚拟机软件

第二步，在弹出的对话框中，选择"自定义（高级）（C）"选项，并点击"下一步"，如图 1-2 所示。

图 1-2　新建虚拟机向导

第三步，出现如图 1-3 所示的界面，这里我们选择默认的 Workstation 17.x，点击"下一步"。

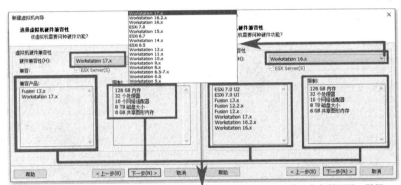

所选的硬件兼容性不同，兼容的产品和限制的情况一般来说也会有所不同，根据自己的需要来选择适当的硬件兼容性，比如，你的虚拟机要在 Workstation 16.x 上运行，那你就不能选择 Workstation 17.x 的硬件兼容性。

图 1-3　虚拟机硬件兼容性

说明：在图 1-3 所示的界面中单击"硬件兼容性"下拉菜单，可看到很多选项。此处列出了 Workstation 17.x 和 Workstation 16.x 的硬件兼容性的区别，以便大家能够清楚地了解硬件兼容性的作用，"限制"中的内容指硬件支持的情况。

第四步，选择"安装程序光盘映像文件（iso）（M）"，选择自己电脑上的 Windows Server 2022 的 ISO 文件的具体路径，点击"下一步"，如图 1-4 所示。

图 1-4　安装客户机操作系统

第五步，选择要安装的 Windows Server 2022 的版本，写上相应的产品密钥，指定默认登录的管理员的账号，并设置好密码，点击"下一步"，如图 1-5 所示。

图 1-5　选择要安装的系统的版本

说明：在图 1-5 中，Datacenter 版（数据中心版）和 Standard 版（标准版）的不同之处在于某些系统功能不同；而二者的内核版与非内核版的区别在于，内核版只包含核心功能，而非内核版包含所对应版本的所有功能。

第六步，指定虚拟机的名称和存放位置，点击"下一步"，如图 1-6 所示。

图 1-6　指定虚拟机的名称和存放位置

说明：图 1-6 体现的是在 VMware Workstation 这个软件中安装的 Windows Server 2022 虚拟机是以什么样的名字呈现出来的；而这个虚拟机系统最终在电脑中是以一个文件夹的形式存在的，这里的位置就是该文件夹在该电脑中存放的路径，也就是存放位置。

第七步，选择固件类型，这里一般选择默认选项"UEFI（E）"，点击"下一步"，如图 1-7 所示。

图 1-7　选择固件类型

第八步，选择处理器数量和相应的内核数量，点击"下一步"，如图 1-8 所示。

图 1-8　选择处理器数量和内核数量

　　说明：处理器数量和每个处理器的内核数量是在物理机能支持的情况下选择的。例如，你的物理机是双核 CPU，那么你可以选择 2 个处理器和 1 个处理器内核数量，或者 1 个处理器和 1 个处理器内核数量，也就是说这两者的乘积不能大于 2，这是你的物理机能支持的最大额度。如果超过这个额度，你的虚拟机可能就不能开启了。如果你的物理机性能特别好，是 4 核的 CPU，那么处理器数量和每个处理器的内核数量乘积不能大于 4。

　　第九步，选择虚拟机的内存，一般选择推荐内存即可，点击"下一步"，如图 1-9 所示。

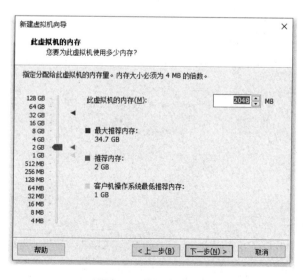

图 1-9　选择虚拟机的内存

说明：内存既不能选得太大，也不能选得太小，一般选择推荐内存即可。如果内存选得太小，会导致虚拟机不能开机，或者开机后使用起来非常卡顿；如果内存选得过大，则会占用物理机太多内存，又可能造成物理机本身使用起来比较卡顿。

第十步，选择网络类型，点击"下一步"，如图 1-10 所示。

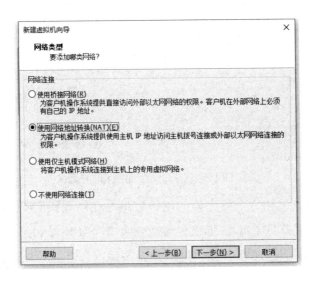

图 1-10　选择网络类型

说明：网络类型这部分内容后面会详细介绍，这里只需要选择"使用网络地址转换（NAT）（E）"即可。

第十一步，选择 I/O 控制器类型，这里选择默认选项即可，如图 1-11 所示。

图 1-11　选择 I/O 控制器类型

第十二步，选择磁盘类型，这里选择默认选项即可，如图 1-12 所示。

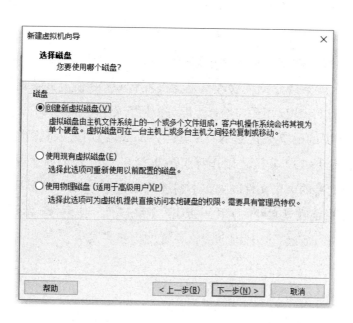

图 1-12　选择磁盘类型

第十三步，选择相应的磁盘，这里选择"创建新虚拟磁盘（V）"，点击"下一步"，如图 1-13 所示。

图 1-13　选择磁盘

说明：在虚拟机中，一块硬盘就是一个 vmdk 文件。如果从一个安装好系统的虚拟机中将 vmdk 文件拷贝出来，则可以使用这个 vmdk 文件创建虚拟机，此时在图 1-13 中选择"使用现有虚拟磁盘（E）"即可。但在这里创建的是一个全新的系统，不是用已有的数据，所以选择"创建新虚拟磁盘（V）"。

第十四步，指定磁盘容量，点击"下一步"，如图 1-14 所示。

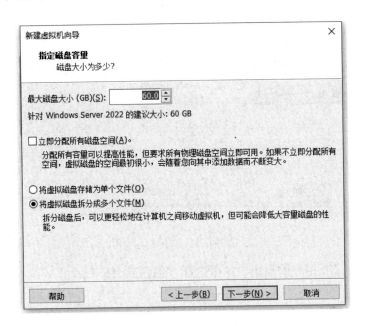

图 1-14　指定磁盘容量

说明：图 1-14 中的最大磁盘大小被设置为 60GB，但只要不勾选"立即分配所有磁盘空间（A）"，就不会立刻在物理机磁盘上耗费 60GB 的空间，而是最大能够达到 60GB 的空间，所以，建议不要勾选"立即分配所有磁盘空间（A）"。

若你的物理机的磁盘分区是 NTFS 分区，那么就选择"将虚拟磁盘存储为单个文件（O）"；若是 FAT32 分区，则选择"将虚拟磁盘拆分成多个文件（M）"，因为 FAT32 分区所能支持的单个文件的大小不超过 4GB，超过 4GB 则会被分成多个文件。

随后，可以指定磁盘文件的名称，点击"下一步"，到下一个界面，点击"完成"，则系统就会自动进行安装，一段时间后，系统就会安装成功。

1.3 VMware Workstation 的基本功能简介

VMware Workstation 的常用功能分别如图 1-15 到图 1-17 所示，其中，快照功能在本书中的使用范围相当广泛。所谓快照，简而言之，便是将虚拟机系统的某个状态进行保存，在以后的实验中，可以直接跳转到该状态进行实验，而不必每次都从零开始。

图 1-15 打开虚拟机

图 1-16 虚拟机的快照

点击"快照管理器（M）"，进入快照管理器界面，可以进行相应的快照属性设置，如图 1-17 所示。

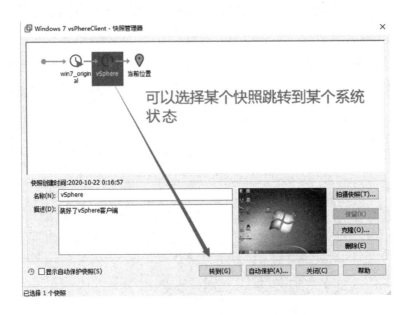

图 1-17　虚拟机快照管理器界面

1.3.1　NAT 技术简介

网络地址转换（Network Address Translation，NAT）技术作为有效解决地址紧缺问题的方案之一，通过将私有 IP 地址转换为公有 IP 地址，实现私有网络访问公共网络的功能。这种通过使用少量的公有 IP 地址来代表较多的私有 IP 地址的方式，将有助于减缓可用的 IP 地址空间枯竭的问题。

NAT 技术的特点有以下四个方面：

第一，NAT 技术允许对内部网络实行私有编址，从而维护了合法注册的公有全局编址方案，并节省了 IP 地址。

第二，NAT 技术增强了公有网络连接的灵活性。

第三，NAT 技术为内部网络编址方案提供了一致性。

第四，私有网络在采用 NAT 技术时，不会向外部网络通告其地址或内部拓扑，有效地保证了内部网络的安全性。

NAT 技术既可以被应用在路由器、防火墙和核心三层交换机等网络硬件设备上，还可以被应用在各种软件代理服务器上等。相对而言，当 NAT 技术被应用在网络硬件设备上时，具有处理速度快、安全性高等特点，适用于大中型企业；而当它被应用在软件代理服务器上时，成本较低，转换速度较慢，适用于小型企业。

1.3.2 虚拟机网卡简介

虚拟机网卡的设置界面在 VMware Workstation 的菜单栏上的"编辑"—"虚拟网络编辑器（N）"中，如图 1-18 所示。

图 1-18 虚拟机网卡设置

在弹出的对话框中，VMnet0 即桥接模式。在这种模式下，相当于把物理机和虚拟机放在了同一个交换机下面，这时，只要给虚拟机系统设置一个和物理机同一个网段地址，则可以让虚拟机和物理机之间相互联通。在此模式下，只要物理机能够访问 Internet，给虚拟机系统设置一个和物理机相同的网关，虚拟机也能够实现对 Internet 的访问。

VMnet8 即 NAT 模式。在这种模式下，只要虚拟机系统设置好相应的 IP 地址、子网掩码和网关等信息，就能够实现对 Internet 的访问。例如，在图 1-19 中，VMnet8 设置的网段是 192.168.80.0，在图 1-20 中，VMnet8 的"NAT 设置"中的网关设置为 192.168.80.2，那么，只要给虚拟机系统设置一个 192.168.80.0 网段的 IP 地址，设置好子网掩码，把网关设置为 192.168.80.2，该虚拟机就能够实现对 Internet 的访问。之所以叫 NAT 模式，是因为它借鉴了 NAT 技术的原理，虚拟机访问 Internet 所用的"公网地址"就是物理机的 IP 地址。

图 1-19 虚拟机网卡设置详细界面

图 1-20 NAT 网关设置

除了桥接模式和 NAT 模式外的其他虚拟网卡模式都是仅主机模式,在此种模式下,如果两个不同的虚拟机系统选择不同的 Vmnet,即使它们的网段、网关设置一致,相互之间也是无法联通的。一个仅主机模式的 Vmnet 就是一个独立的局域网,如果两个虚拟机系统相互之间想要联通，其中一种解决方案便是把它们放到同一个 Vmnet 下面，并设置成同一个网段。

在图 1-19 中，可以看到除桥接模式外，其他的 Vmnet 都对应一个网段，这个网段是可以自己设定的，设置的地方在图 1-19 中的下部，在"DHCP 设置（P）"中可以设置该网段的地址池范围和相应的租约情况。

1.3.3　虚拟机网络小实验

这是本书的第一个实验，后续为了叙述方便，都把 Windows Server 2022 简称为 WIN2K22。本实验主要分为三个部分，分别是：

第一部分，把 WIN7 和 WIN2K22 放到 Vmnet1（仅主机模式）下，配置好它们的 IP 地址等信息，使得它们相互之间能够 Ping 通。

第二部分，把 WIN2K22 放到桥接模式下，配置好 IP 地址等信息，使得 WIN2K22 能够访问 Internet。

第三部分，把 WIN2K22 放到 NAT 模式下，配置好 IP 地址等信息，使得 WIN2K22 能够访问 Internet。

图 1-21 到图 1-24 展示的是小实验的第一部分内容。

第一步，分别从快照启动 WIN7 和 WIN2K22，二者使用的快照都是最原始状态下的快照。然后，分别在 WIN7 和 WIN2K22 中的相应位置双击，如图 1-21 所示。

图 1-21　双击的位置

第二步，在弹出的对话框中设置 WIN7 和 WIN2K22 的网络连接模式为 Vmnet1，如图 1-22 所示。

图 1-22　设置网络连接模式

第三步，因为 VMware Workstation 这个软件自带 DHCP 功能，所以 WIN7 和 WIN2K22 的本地连接处的 IP 地址设置，可以选择自动获取 IP 地址。当然，也可以分别为 WIN7 和 WIN2K22 指定 2 个同网段的静态的 IP 地址。此实验中 WIN7 和 WIN2K22 选择的是自动获取 IP 地址，WIN7 所获取到的地址为 192.168.10.134，WIN2K22 所获取到的地址为 192.168.10.135。

第四步，关闭二者的防火墙，以免造成一些不必要的干扰。WIN7 的防火墙设置在控制面板里可以找到，WIN2K22 的防火墙设置可以通过搜索找到。需要注意的是，WIN2K22 几个区域的防火墙都必须处于关闭状态，如图 1-23 所示。

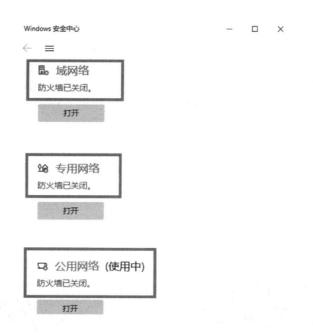

图 1-23　WIN2K22 所需要关闭的防火墙

第五步，进行 WIN7 和 WIN2K22 相互 Ping 的操作，结果如图 1-24 所示。

图 1-24　WIN7 和 WIN2K22 相互 Ping 的结果

下面展示小实验的第二部分内容：

第一步，先在物理机上通过 ipconfig /all 命令，得到物理机的 IP 地址、子网掩码、网关信息，分别是：192.168.43.124，255.255.255.0，192.168.43.1。

第二步，在图 1-22 所示的页面中，设置 WIN2K22 的网络连接模式为桥接模式，并设置一个与物理机的 IP 地址在同一个网段的地址，如 192.168.43.110，并设置好子网掩码、网关（网关地址和物理机一致）等。最后设置 DNS 服务器地址为一个国内常用的 DNS 服务器地址，如 114.114.114.114。

第三步，在 WIN2K22 的命令提示符中，Ping "www.baidu.com" 这个域名地址，可以看到 Ping 通了，如图 1-25 所示。

图 1-25　Ping 百度的情况

下面展示小实验的第三部分内容：

第一步，在图 1-22 所示的页面中，设置 WIN2K22 的网络连接模式为 NAT 模式，并设置其 IP 地址信息为自动获取 IP 地址，然后，设置 DNS 服务器地址为一个国内常用的 DNS 服务器地址，如 114.114.114.114。

第二步，在 WIN2K22 的命令提示符中，Ping "www.163.com" 这个域名地址，可以看到 Ping 通了，如图 1-26 所示。

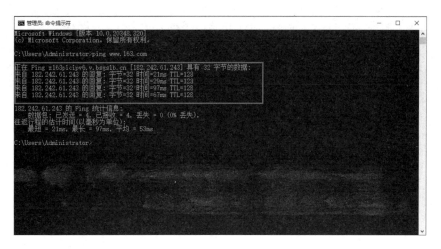

图 1-26　Ping 网易的情况

通过本章的这个实验，读者能够加深对虚拟机网络连接模式的理解，熟悉虚拟机实验的常见套路，并为后续章节的实验打下基础。

课后作业

在自己的电脑上完成 Windows Server 2022 的安装。

第二章 DNS 服务器配置与管理

2.1 DNS 服务器简介

2.1.1 DNS 基础理论

DNS（Domain Name Server，域名服务器）是域名（domain name）和与之相对应的 IP 地址（IP address）进行转换的服务器。DNS 中保存了一张域名（domain name）和与之相对应的 IP 地址（IP address）的表，以解析消息的域名。域名是 Internet 上某一台计算机或计算机组的名称，用于在数据传输时标识计算机的电子方位（有时也指地理位置）。域名是由一串用点分隔的名字组成的，通常包含组织名，而且始终包括两到三个字母的后缀，以指明组织的类型或该域所在的国家或地区。

但是，严格来说，baidu.com、163.com 才是域名，www.baidu.com 只是这个域名下的一个主机（当然，"互联网大厂"不可能只让一台主机对应 www.baidu.com 这个名字），www 是主机名。

"主机名 + 域名"就构成了完全限定域名（也称为完全合格域名或全称域名，FQDN），这就是 DNS 服务器所要解析的内容。通常，主机名会用这个主机所要用到的协议来命名，这是一种约定俗成的习惯。在通常情况下，可以不是很严谨地认为域名就是 FQDN。

申请域名，申请的是 baidu.com 这个名字，不用另外再为下面的主机名支付费用，因为只要保证了 baidu.com 这个域名的全球唯一性，那么与之相关的 FQDN 也是全球唯一的。

域名地址和 IP 地址之间不一定是一对一，可以是多对一，也可以是一对多（负载均衡）。例如，www.51cto.com 和 blog.51cto.com 可以是一个 IP 地址（即一台主机），它们可以通过不同的 FQDN 访问不同的服务。

域名是以 "." 开头的，这叫根，但通常不写，因为所有的域名都有这个共同的部分，所以干脆不写。域名的结构如图 2-1 所示。

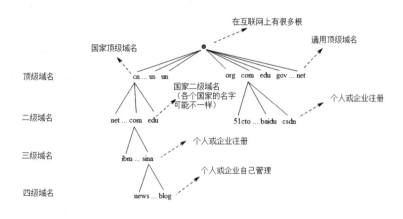

图 2-1　域名的结构

说明：虽然图 2-1 中的顶级域名和二级域名中都有 "com"，但二者是不同的。对于二级域名来说，虽然我国商业网的域名是 "com"，但其他国家商业网的域名可能不是 "com"，所以，顶级域名中的 "com" 和二级域名中的 "com" 是不一样的，只是恰好我国是用 "com" 表示商业网而已。

下面以新浪网的域名为例，说明注册的域名与子域名、主机名的关系，如图 2-2 所示。

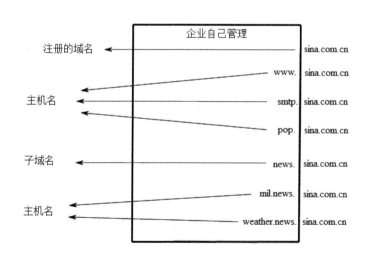

图 2-2　注册的域名与子域名、主机名的关系

说明：图 2-2 中，sina.com.cn 是企业注册的域名；www、smtp 和 pop 是主机名，

主机名一般是以所用的协议名来命名的；news 是子域名；mil 和 weather 是主机名，这是 2 个以内容命名的主机名。所有的主机名、子域名都是由企业自己管理的，只有 sina.com.cn 这个名字是企业注册的，只要保证注册的名字是全球唯一的，那么其他相关的 FQDN 都是全球唯一的。

2.1.2　DNS 解析相关知识

DNS 解析的大致过程如图 2-3 所示。

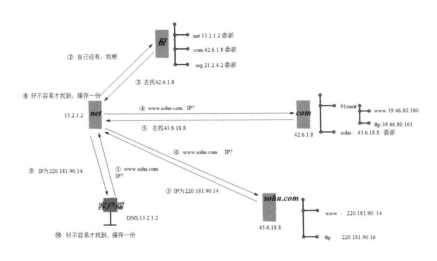

图 2-3　DNS 解析的大致过程

说明：在图 2-3 中，net DNS 服务器、com DNS 服务器分别专门负责 net、com 相关的域名解析，sohu.com DNS 服务器专门负责 sohu.com 相关的域名解析，它们彼此没有联系，但是，它们都与根 DNS 服务器有联系。一般来说，net DNS 服务器、com DNS 服务器等常规服务器中存放的其实就是互联网上的主机的域名地址和 IP 地址的对应记录，但根 DNS 服务器中不存放这些记录，根 DNS 服务器上存放的是互联网上的常规 DNS 服务器的 IP 地址。

在图 2-3 中，DNS 解析的大致过程可用拟人化手法描述如下：客户端设置的 DNS 服务器地址为 13.2.1.2，当客户端想要解析 www.sohu.com 这个域名地址所对应的 IP 地址时，客户端就会把解析请求发送给地址为 13.2.1.2 的 DNS 服务器。但该 DNS 服务器是专门解析 net 相关域名的，而这个域名是和 com 相关的，net DNS 没法解析，但它知道根 DNS 服务器的存在，因此，net DNS 服务器就把这个解析请求发送给根 DNS

服务器。根 DNS 服务器一看这个解析请求是和 com 相关的，就告诉 net DNS 服务器，去找地址为 42.6.1.8 的 DNS 服务器（这是专门解析 com 相关域名的 DNS 服务器）。然后，net DNS 服务器又将此解析请求转发给 com DNS 服务器，com DNS 服务器一看自己的记录里面没有这条记录，但它知道 sohu.com DNS 服务器的位置，而 sohu.com DNS 服务器和所要解析的域名地址比较接近，因此，com DNS 服务器就告诉 net DNS 服务器，去找位置为 43.6.18.8 的 DNS 服务器。当 net DNS 服务器把这个解析请求转发给 sohu.com DNS 服务器时，sohu.com DNS 服务器看到自己存放的记录里面有 www.sohu.com 这个域名和与 IP 地址对应的记录，于是 sohu.com DNS 服务器就告诉 net DNS 服务器，对应的 IP 地址为 220.181.90.14。net DNS 服务器收到这条信息后，觉得获取这条信息太不容易了，所以，它会缓存一份。然后，net DNS 服务器把这条 IP 地址信息发送给客户端，客户端也觉得获取这条信息太不容易了，客户端也会缓存一份。

当然，在具体实践中，DNS 服务器的解析过程可能与上文有细微的差别，但大体上都是这样的，读者自己可以在 DNS 解析的实验中，用抓包工具看一下过程。

2.1.3　DNS 相关补充知识

1. Windows 系统中 DNS 解析命令

在 Windows 系统中，不管是 WIN7、WIN10 等桌面操作系统，还是 Windows Server 2016、Windows Server 2022 等服务器操作系统，查看 DNS 解析的命令主要有 2 个，分别是 Ping 和 nslookup。

2. 路由器的 DNS 解析功能

在家用电脑上设置 DNS 服务器地址时，可以设置家用无线路由器的地址作为 DNS 服务器地址。之所以可以这样设置，是因为家用无线路由器里面一开始虽然没有域名与 IP 地址对应的记录，但是，它知道根的存在，这就够了。

3. DNS 服务器的作用

常规 DNS 服务器主要分为互联网上的 DNS 服务器和内网 DNS 服务器。内网 DNS 服务器的主要作用是：

（1）方便内部主机使用某个域名访问某个内网特定服务器，而 Internet 上的用户则无法访问该服务器。

（2）减少内网出去的流量。不然当 A 主机解析百度时会产生一次出内网的流量，当 B 主机解析百度时又会产生一次出内网的流量。设置了内网 DNS 服务器后，该 DNS 服务器上的缓存就能够减少内网主机出去的流量。

2.2　DNS 服务器的配置

下面演示为 WIN2K22 配置 DNS 服务器的过程。

第一步，打开 WIN2K22，双击图 2-4 方框中的任意位置。

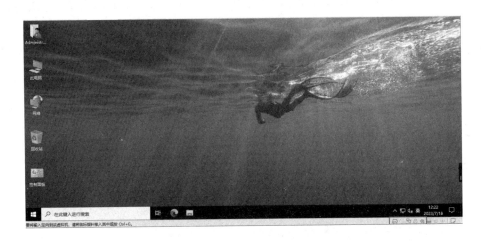

图 2-4　WIN2K22 初始界面

第二步，在弹出的对话框中，按照图 2-5 所示的顺序进行点击，找到 ISO 文件的路径，并记得勾选"已连接"。若不勾选"已连接"，则需要重启系统才能激活光盘文件；若勾选"已连接"，则不用重启系统便可激活光盘文件。设置完毕后，点击"确定"。

图 2-5　放入光盘文件的界面

第三步，在图 2-4 的界面中，选中"此电脑"，点击鼠标右键，在弹出的对话框中，点击"管理"，弹出如图 2-6 所示的界面。

图 2-6　服务器管理界面

第四步，在图 2-6 中，点击"添加角色和功能"，在弹出的对话框中，点击"下一步"；在弹出的对话框中选择"基于角色或基于功能的安装"，点击"下一步"，如图 2-7 所示。

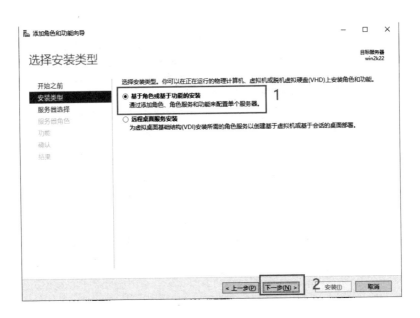

图 2-7　选择安装类型界面

第五步，按照图 2-8 到图 2-12 中所示的顺序进行点击，之后，DNS 服务器角色便开始进行安装。

图 2-8　选择目标服务器界面

图 2-9　选择服务器角色界面

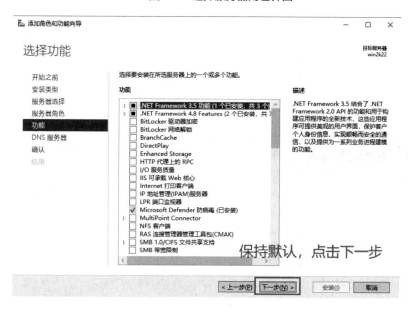

图 2-10　选择功能界面

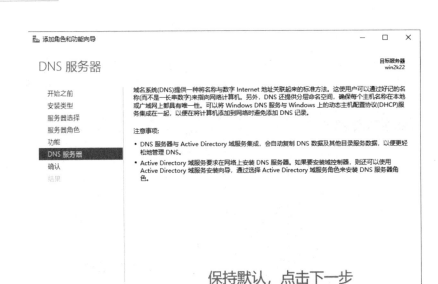

图 2-11　配置 DNS 服务器中间界面

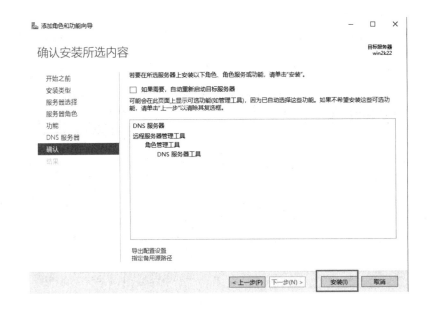

图 2-12　确认安装界面

第六步，安装完成后，点击 WIN2K22 系统左下角的微软图标，然后在弹出界面中的 Windows 管理工具中看到 DNS 服务器角色，如图 2-13 所示。

图 2-13　DNS 服务器图标的位置

第七步，点击图 2-13 中的"DNS"图标，便可以看到 DNS 服务器角色的配置界面。至此，DNS 服务器安装完毕，如图 2-14 所示。

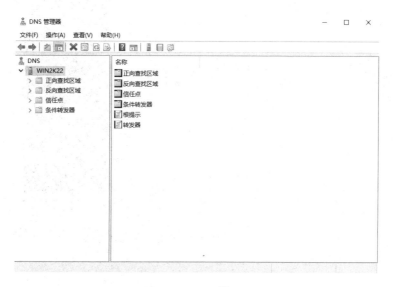

图 2-14　DNS 管理器界面

在图 2-14 中，正向查找区域中保存的是由域名地址到 IP 地址的记录，反向查找区域中保存的是由 IP 地址到域名地址的记录。可以简单地认为，DNS 服务器中存放的就是各种域名地址与 IP 地址对应的记录。

说明：反向查找的一种用途是防止人们通过 IP 地址直接访问受限的网站。某些企业会禁止员工访问某些域名，但如果员工记得受限域名所对应的 IP 地址，直接通过 IP 地址访问，就能够跳过限制。为了杜绝这种现象，访问网站时正向和反向都解析一下，员工就不能直接用 IP 地址访问受限的网站。

2.3　DNS 服务器应用实验

实验内容：WIN2K22 作为 DNS 服务器，两个 WIN7 虚拟机作为客户端，分别命名为 WIN7-1 和 WIN7-2，实现 WIN7-1 通过 WIN7-2 的域名地址能够 Ping 通。

第一步，将 WIN2K22 和两个 WIN7 虚拟机的网络连接模式都设置为 NAT 模式，并设置相应的 IP 地址等信息，把两个 WIN7 虚拟机的网络设置里的 DNS 服务器地址都指向 WIN2K22 的 IP 地址，如图 2-15 和图 2-16 所示。

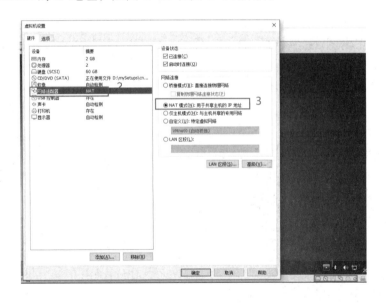

图 2-15　设置网络连接模式为 NAT 模式

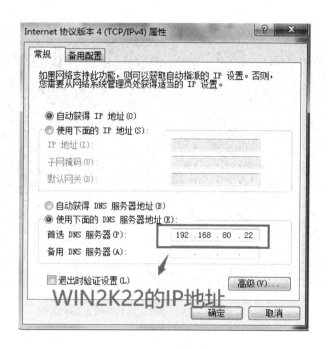

图 2-16　设置 WIN7 的 IP 地址等信息

第二步，在 WIN2K22 上安装 DNS 服务器，并在其 DNS 管理器中的正向查找区域中，录入 WIN7-2 的域名地址与 IP 地址对应的记录，如图 2-17 所示。

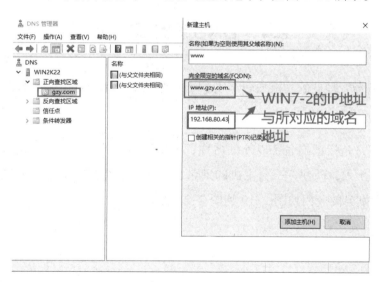

图 2-17　在 DNS 管理器中添加记录

第三步，让 WIN7-1 Ping 一下 WIN7-2 的域名地址，如图 2-18 所示。

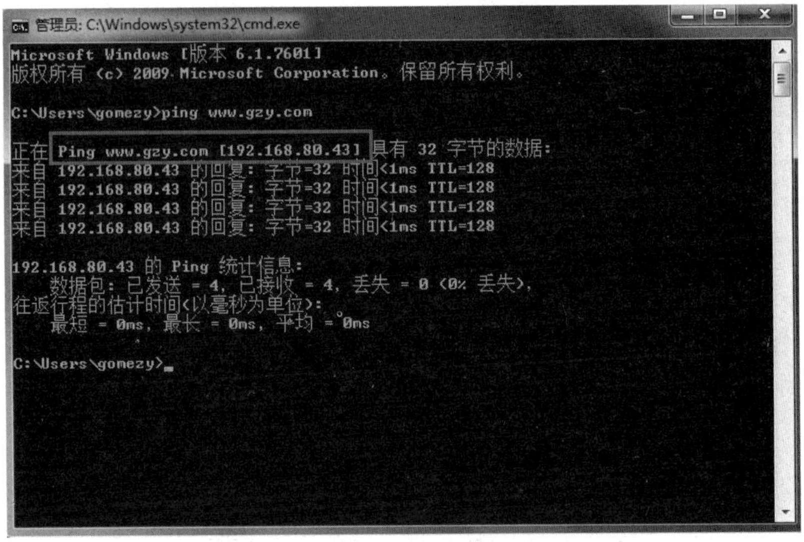

图 2-18　让 WIN7-1 Ping WIN7-2 的域名地址

可以看到，WIN7-1 与 WIN7-2 能够 Ping 通。之所以能够 Ping 通，是因为作为 DNS 服务器的 WIN2K22 解析了 WIN7-2 的域名地址所对应的 IP 地址，WIN7-1 就通过这个 IP 地址实现了与 WIN7-2 的联通。

2.4　DNS 服务器简介

DNS 服务器管理器的功能比较丰富，下面选取几个比较有代表性的进行讲解。

1. 别名

所谓别名，是指正式名字以外的名称，可以理解为外号。一个人的外号和正式名字都指的是这个人，同理，一台主机的别名和其他名字都指的是这台主机。DNS 服务器管理器中的别名的应用如图 2-19 到图 2-21 所示。

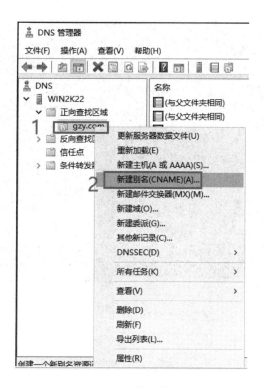

图 2-19　别名应用的操作步骤 1

图 2-20　别名应用的操作步骤 2

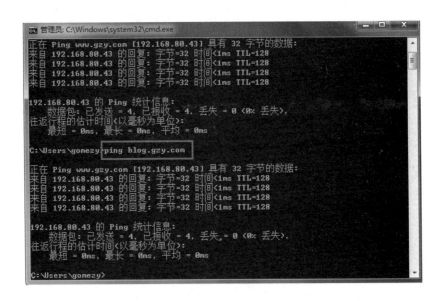

图 2-21　WIN7-1 上 Ping 别名的效果

从图 2-21 中可以看出，WIN7-1 上 Ping "blog.gzy.com" 这个别名，连通的依然是 WIN7-2 这台主机。

2.泛域名

所谓泛域名，是指含有通配符 "*" 的域名。关于泛域名的应用如图 2-22 到图 2-25 所示。

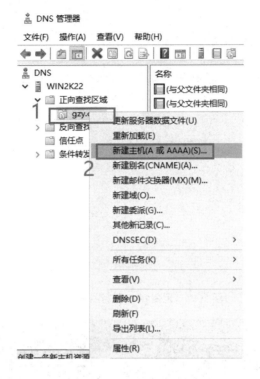

图 2-22 泛域名应用的操作步骤 1

图 2-23 泛域名应用的操作步骤 2

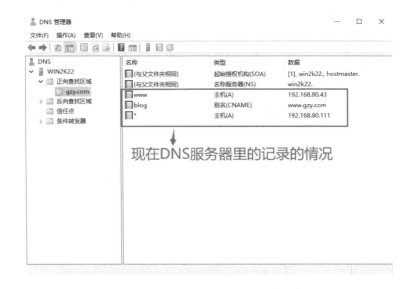

图 2-24　现在 DNS 服务器里的记录的情况

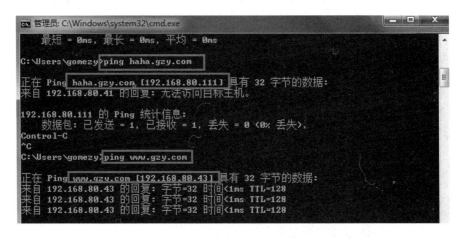

图 2-25　泛域名应用实验的结果

从图 2-25 中可以看出，当 WIN7-1 Ping "haha.gzy.com" 这个域名时，因为之前在 DNS 服务器中添加了 "*.gzy.com" 这个泛域名，所以就匹配泛域名，解析出192.168.80.111 这个 IP 地址。因为并不存在 IP 地址为 192.168.80.111 的主机，所以Ping 不通，但这里我们主要看解析过程，并不关注是否能够 Ping 通。而 Ping "www.gzy.com" 这个域名时，因为 DNS 服务器里原本就有这个域名相关的记录，所以没有去匹配泛域名。

3. 查看邮件服务器的地址

查看邮件服务器的地址的应用如图 2-26 到图 2-28 所示。

图 2-26　邮件服务器的应用的操作步骤 1

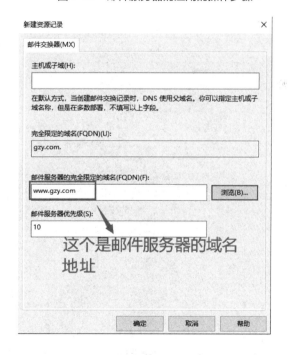

图 2-27　邮件服务器的应用的操作步骤 2

图 2-28　邮件服务器的应用的结果

从图 2-28 中可以看出，在 WIN7-1 中，运行 nslookup 命令，设置查看的是某个域名下的邮件服务器的地址，而不是普通主机的地址（若要还原，则输入命令：set type=a），然后将要查看的 gzy.com 这个域名输入进去，出来的结果便是该域名下的邮件服务器的地址。

4. 多个域名对应一个 IP 地址

多个域名对应一个 IP 地址的应用如图 2-29 到图 2-32 所示。

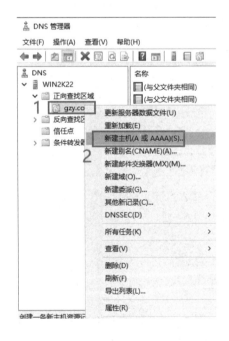

图 2-29　多个域名对应一个 IP 地址的应用的操作步骤

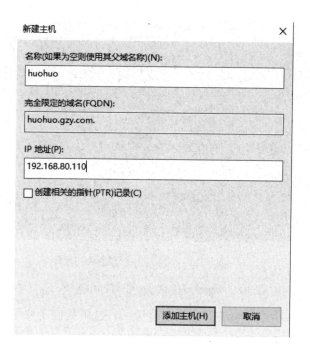

图 2-30　一个域名与 IP 地址对应

图 2-31　另一个域名与 IP 地址对应

图 2-32　WIN7-1 上验证解析结果

从图 2-32 中可以看出，两个域名地址都 Ping 不通，这是因为 IP 地址为 192.168.80.110 的主机根本不存在，但是没有关系，这里我们主要是看域名解析的结果，不关注能否 Ping 通。可以看到，这两个不同的域名对应的是一个 IP 地址。

5. 一个域名对应多个 IP 地址

一个域名对应多个 IP 地址的应用如图 2-33 到图 2-36 所示。

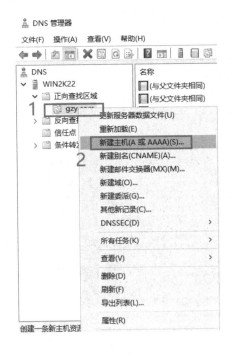

图 2-33　一个域名对应多个 IP 地址的应用的操作步骤

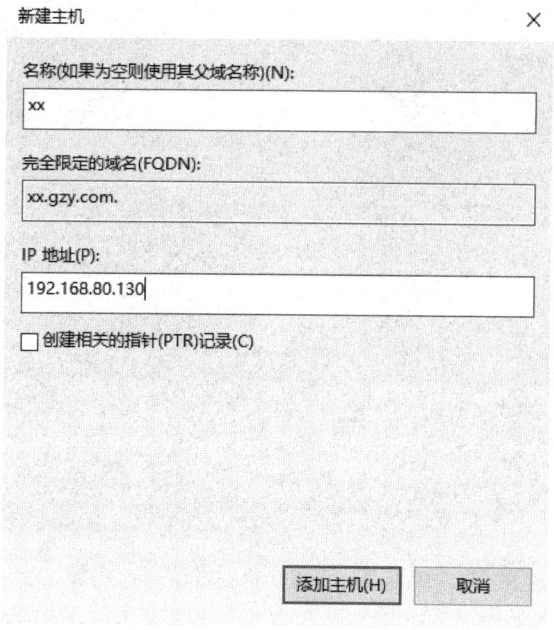

图 2-34 该域名对应的第一个 IP 地址

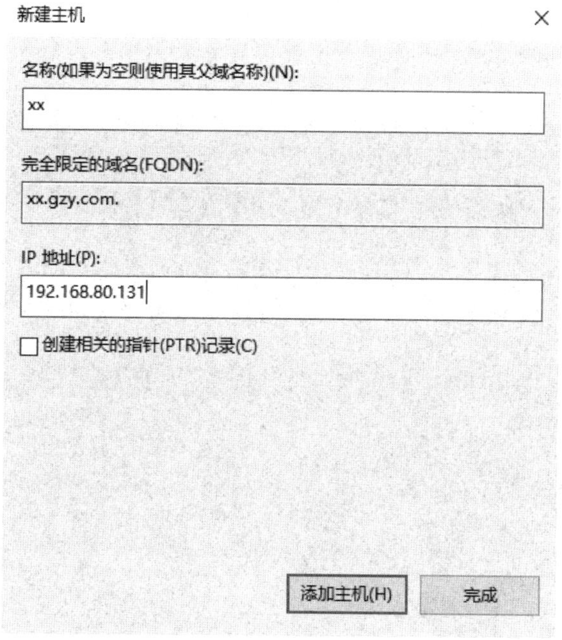

图 2-35 该域名对应的第二个 IP 地址

图 2-36　WIN7-1 上验证的解析结果

从图 2-36 中可以看出，域名"xx.gzy.com"所对应的 2 个 IP 地址被解析出来了，这里解析地址用到的命令是 nslookup。

6. 创建顶级域名使互联网上的域名失效

创建顶级域名使互联网上的域名失效的应用如图 2-37 到图 2-41 所示。

图 2-37　设置之前百度域名的解析情况

图 2-38　创建顶级域名的操作步骤

之后，一路保持默认，直到如图 2-39 所示，创建一个顶级域名，点击"下一步"。

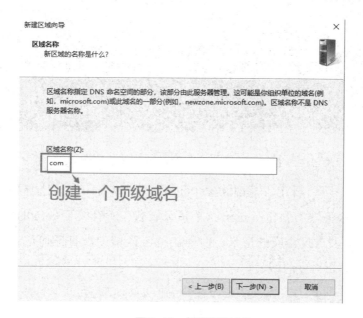

图 2-39　创建顶级域名

之后，一路保持默认，点击"下一步"，直到完成。

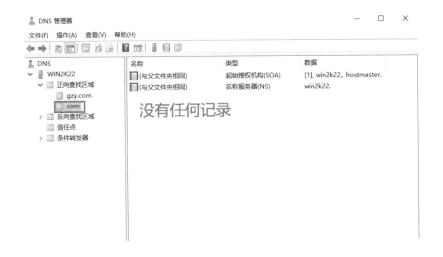

图 2-40　com 区域中没有任何记录

图 2-41　WIN7-1 再次验证百度域名解析情况

从图 2-41 中可以看出，这时再来 Ping 百度的域名，就无法解析 IP 地址了，因为我们在 DNS 服务器中创建了 com 这个顶级域名，所有关于 com 的域名解析都会到 com 这个区域中去查找相应的记录，但现在 com 区域中没有任何记录（如图 2-40 所示），所以无法解析百度的域名。

7. 根、递归查询、迭代查询

一个配置好的 DNS 服务器中可以没有任何记录。因为每个配置好的 DNS 服务器都知道根的存在，遇到解决不了的问题，找根就可以，所以，DNS 服务器中是可以没有任何记录的。图 2-42 显示的是配置好的 DNS 服务器的根的情况。

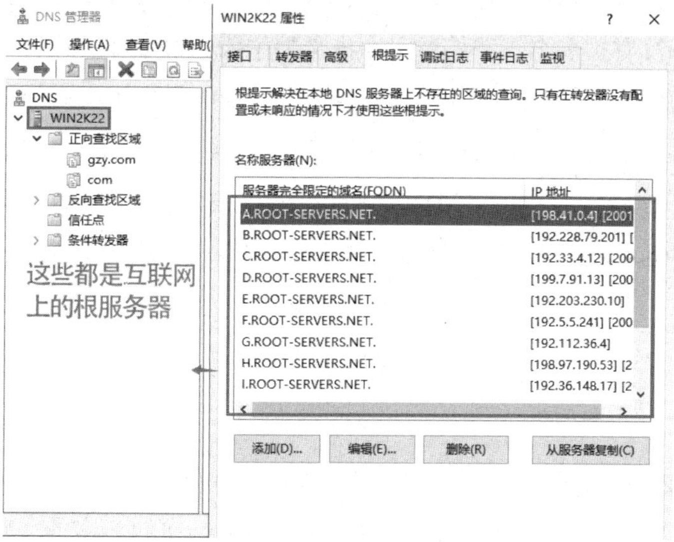

图 2-42　DNS 服务器中的根的记录

DNS 服务器的查询方式主要有两种，分别是递归查询和迭代查询，递归就是"自己调用自己"，迭代就是循环。通常 DNS 域名解析的大致过程是：客户端给出一个域名，先查询本地域名服务器，本地域名服务器会采用递归查询的方式不断深挖（会代替客户端的请求工作），直至找到对应的 IP 地址。如果本地 DNS 服务器找不到 IP 地址，就会访问根 DNS 服务器，根 DNS 服务器如果找到了 IP 地址，就会将结果反馈给本地 DNS 服务器，本地 DNS 服务器再反馈给客户端；如果根 DNS 服务器找不到就会告诉你别的 DNS 服务器有这个 IP 信息（根 DNS 服务器不会替代本地 DNS 服务器的工作不断深挖），它会让本地 DNS 服务器自己再去找（不断地迭代），直到找到有这个 IP 地址的 DNS 服务器，之后再将 IP 地址反馈给客户端。

这种 DNS 服务器的查询方式效率较高。为什么根 DNS 服务器不采用递归查询的方式呢？因为根 DNS 服务器接受的请求量大，如果所有域名解析都采用递归查询的方式，那么效率将十分低下。而本地 DNS 服务器压力较小，因此可以采用递归查询的方式。

一般来说，主机向本地 DNS 服务器的查询采用递归查询方式，本地 DNS 服务器向根 DNS 服务器的查询采用递归查询方式，根 DNS 服务器采用迭代查询方式（因为根 DNS 服务器不会去查询其他 DNS 服务器）。

8.hosts 文件简介

hosts 文件是 Windows 系统中位于路径 "C:\Windows\System32\drivers\etc" 下的一个文件，该文件没有扩展名。我们可以在该文件中添加 IP 地址和域名的对应记录，添加后，该记录的优先级仅次于缓存的优先级，该记录的优先级会高于 DNS 服务器中记录的优先级。也就是说，当我们在 hosts 文件中添加了 www.baidu.com 这个域名所对应的 IP 地址这条记录后，即使在 DNS 服务器中有关于 www.baidu.com 这个域名的记录，也依然是以 hosts 文件中的这条记录为准的，因为它的优先级更高。

课后作业

将 WIN2K22 配置成 DNS 服务器，将 WIN7-1 和 DNS 服务器都放到 Vmnet2 下，设置好 IP 地址等信息。在 DNS 服务器中添加 "www. 你的名字的完整拼音 .com" 为 WIN7-1 的 IP 地址，以及在 DNS 服务器中添加 "www. 你家所在地所属地级市的完整拼音 .com" 为 DNS 服务器的 IP 地址。实现 WIN7-1 和 DNS 服务器相互通过 "主机名 + 域名" Ping 通的效果。

第三章　磁盘管理

3.1　Windows 磁盘概述

Windows 的物理磁盘类型分为两种：

第一种，基本磁盘（Basic Disk）。这种类型的物理磁盘可以被 MS-DOS 和所有 Windows 操作系统访问。Basic Disk 最多可以包括四个主分区（Primary Partition），或者是三个主分区和一个扩展分区（Extended Partition）的逻辑磁盘（Logical Disk）。Basic Disk 不支持容错功能，可以在 MBR 和 GPT 内创建磁盘。

第二种，动态磁盘（Dynamic Disk）。Dynamic Disk 提供一些 Basic Disk 没有的功能，比如将一个逻辑卷扩展到多个物理磁盘上。Dynamic Disk 使用隐藏的数据库来维护物理磁盘上的动态卷。如果用户需要扩展一个逻辑磁盘到多个物理磁盘，需要使用 Windows Disk Management 和 Diskpart.ext 工具先将 Basic disk 转换为 Dynamic Disk。Dynamic Disk 支持在线创建（需要重启）和在线扩展逻辑卷。多份元数据被存储在磁盘中，为了简化管理，可以使用软 Raid 功能，如 Mirror、Spanned 等。

Windows 磁盘的分区类型：

谈到磁盘结构，很有必要了解一下这两个概念——MBR 和 GPT。

MBR（Master Boot Record）是物理磁盘上第一个扇区（Sector），也叫作主引导扇区、主引导记录，是计算机卡机后访问磁盘时必须读取的首个扇区，它位于整个物理硬盘的柱面 0、磁头 0、扇区 1。Windows 的 MBR 磁盘被分割成多个连续的区域，叫作分区（Partition）。每个分区的信息都被存储在 MBR 内，即磁盘的首个扇区中，在 MBR 中定义了分区的起始位置和长度。只有一个主分区可以处于激活状态，且支持操作系统启动。

GPT（GUID Partition Table）是一种基于 Itanium 计算机中的可扩展固件接口（EFI）使用的磁盘分区架构。与主引导记录（MBR）分区方法相比，GPT 具有更多的优点，因为它允许每个磁盘有多达 128 个分区，理论上最大支持 18 EB 卷大小，允许将主磁盘分区表和备份磁盘分区表用于冗余，还支持唯一的磁盘和分区 ID（GUID）。GPT 是 Windows 使用大容量磁盘的选择。

表 3-1 是 MBR 和 GPT 对应的 Windows 操作系统信息。

表 3-1　MBR 和 GPT 对应的 Windows 操作系统信息

	MBR	GPT
Windows 操作系统版本	MS-DOS 所有 Windows 版本	Windows 2003 以上版本
硬件支持	32 位 CPU	64 位 CPU
最大支持单个逻辑卷	2TB	256TB
分区表拷贝数	一份	Primary 和 Backup 两份分区表，支持 checksum
最大支持分区数目	4 个主分区或者 3 个主分区和 1 个扩展分区	128 个分区
数据存储位置	存储在分区中	存储在分区中，关键的 Platform 数据存储在对用户隐藏的分区中

表 3-2 为 Basic Disk 和 Dynamic Disk 支持的 Volume 类型（MBR 磁盘类型）。

表 3-2　Basic Disk 和 Dynamic Disk 支持的 Volume 类型（MBR 磁盘类型）

Volume 类型	Basic Disk	Dynamic Disk
Simple Volume	支持	支持
Spanned Volume	支持	支持
Striped Volume（RAID 0）	支持	支持
Mirrored Volume（RAID 1）	支持	支持
RAID 5 Volume	支持	支持

表 3-3 为 Basic Disk 和 Dynamic Disk 支持的 Volume 类型（GPT 磁盘类型）。可以看到，如果要在 Windows 中实现 RAID 功能，那么需要将磁盘类型转换为 Dynamic Disk。

表 3-3　Basic Disk 和 Dynamic Disk 支持的 Volume 类型（GPT 磁盘类型）

Volume 类型	Basic Disk	Dynamic Disk
Simple Volume	支持	支持
Spanned Volume	不支持	支持
Striped Volume（RAID 0）	不支持	支持
Mirrored Volume（RAID 1）	不支持	支持
RAID 5 Volume	不支持	支持

GPT 磁盘抛开了 MBR 磁盘最大 2TB 的容量限制，支持在线扩展，具有各种优势。

3.2　RAID

3.2.1　RAID 简介

RAID 是英文 Redundant Array of Independent Disks 的缩写，中文简称为"独立磁盘冗余阵列"。简单来说，RAID 是一种把多块独立的硬盘（物理硬盘）按照不同的方式组合起来而形成的一个硬盘组（逻辑硬盘），从而提供比单个硬盘更高的存储性能和数据备份技术。

组成磁盘阵列的不同方式称为 RAID 级别（RAID Levels）。在用户看来，组成的磁盘组就像是一个硬盘，用户可以对它进行分区、格式化等操作。总之，对磁盘阵列的操作与单个硬盘区别不大，但磁盘阵列的存储速度要比单个硬盘高很多，而且可以提供自动数据备份功能。数据备份功能是在用户数据一旦发生损坏后，利用备份信息可以使损坏的数据得以恢复，从而保障了用户数据的安全性。

3.2.2　RAID 0

RAID 0 连续以位或字节为单位分割数据，并行读/写于多个磁盘上，具有很高的数据传输率，但它没有数据冗余，因此并不能算是真正的 RAID 结构。RAID 0 只是单纯地提高了读写性能，并没有为数据的可靠性提供保障，而且其中的一个磁盘失效将影响到所有数据。因此，RAID 0 不能应用于数据安全性要求高的场合。图 3-1 为

RAID 0 读写数据的大致流程。

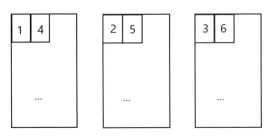

假设有1个500M的文件，要写入磁盘，它会被分成很多个64K的小块，然后再一个一个写入磁盘

图 3-1　RAID 0 读写数据的大致流程

假设有 1 个 500M 的文件，其被写入 RAID 0 磁盘时，会被分成很多个 64K 的小块，第 1 个 64K 写入第 1 块盘，第 2 个 64K 写入第 2 块盘，第 3 个 64K 写入第 3 块盘，然后，第 4 个 64K 写入第 1 块盘，第 5 个 64K 写入第 2 块盘，第 6 个 64K 写入第 3 块盘，以此类推。写的时候三块盘一起转，读的时候也一起转，读写性能好，但是不容错，坏了一块盘就都不能用了，这是 RAID 0 的特点。

配置 RAID 0 的操作步骤及结果如图 3-2 到图 3-8 所示。

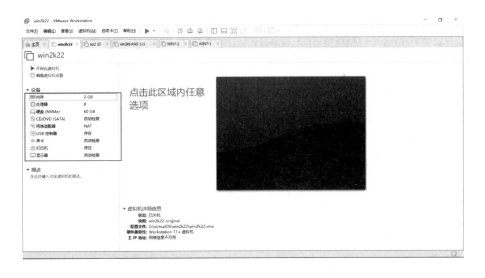

图 3-2　配置 RAID 0 的操作步骤 1

图 3-3　配置 RAID 0 的操作步骤 2

　　一路保持默认选项，点击"下一步"，在图 3-4 中设置添加的硬盘的空间大小，如果做教学使用，则建议设置得小一点儿。

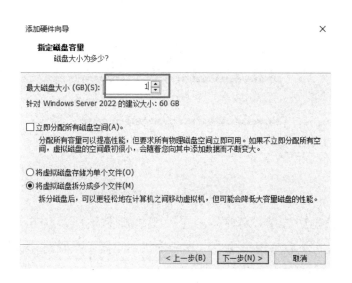

图 3-4　配置 RAID 0 的操作步骤 3

　　一路保持默认，点击"下一步"，则一块新的硬盘就添加完毕了。按照同样的方法，再添加两块硬盘。

　　开启虚拟机，进入 WIN2K22 系统。进入后，右键点击"此电脑"，点击"管理"，进入"服务器管理器",按照图 3-5 所示步骤进行操作。

图 3-5　配置 RAID 0 的操作步骤 4

在弹出的对话框中选择"磁盘管理",并初始化新添加的磁盘。

在图 3-6 中的红框区域中点击右键,选择要新建的卷的类型。

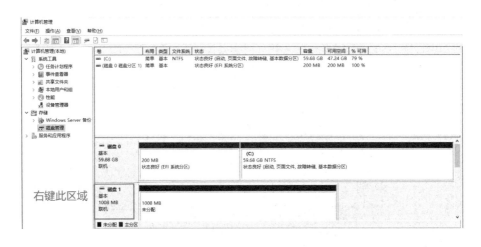

图 3-6　配置 RAID 0 的操作步骤 5

在弹出的对话框中选择"新建带区卷",保持默认选项,点击"下一步",然后,在如图 3-7 中设置每块磁盘用于建带区卷所提供的空间(教学时才这样划分,实际工作中一般是用整块磁盘来做带区卷)。

图 3-7　配置 RAID 0 的操作步骤 6

保持默认选项，点击"下一步"，选择"执行快速格式化"，继续保持默认选项，点击"下一步"，最后配置完成。配置完成的界面如图 3-8 所示。

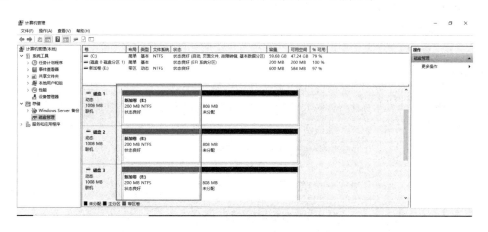

图 3-8　RAID 0 配置完成界面

3.2.3　RAID 1

RAID 1 通过磁盘数据镜像实现数据冗余，在成对的独立磁盘上产生互为备份的数据。当原始数据繁忙时，可直接从镜像拷贝中读取数据，因此 RAID 1 可以提高读取性能。RAID 1 是磁盘阵列中单位成本最高的，但提供了很高的数据安全性和可用性。当一块磁盘失效时，系统可以自动切换到镜像磁盘上进行读写，而不需要重组失效的数据。图 3-9 为 RAID 1 读写数据的大致流程。

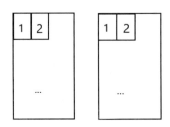

假设有一个500M的文件，那么它会先被分成很多个64K的小块，然后第一个64K写入第一块盘，同时，第一个64K的副本写入第二块盘，以此类推

图 3-9　RAID 1 读写数据的大致流程

RAID 1 写的性能一般，因为要同时写，但是读的速度很快，因为第一个 64K 可以从第一块盘读取，第二个 64K 可以从第二块盘读取，提供容错功能，但磁盘空间浪费 1/2。

配置 RAID 1 的操作步骤与配置 RAID 0 类似，唯一的不同点在于，在图 3-6 中点击右键弹出的对话框中，配置 RAID 1 选择的是"新建镜像卷"，其他配置步骤与配置 RAID 0 大同小异。最后，配置完成的界面如图 3-10 所示。需要注意的是，配置 RAID 1 只能是偶数块盘，不能是奇数块盘。

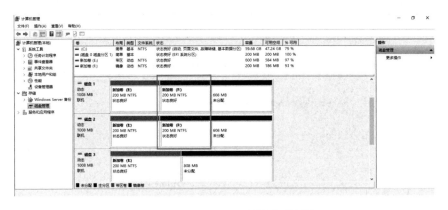

图 3-10　RAID 1 配置完成界面

3.2.4　RAID 10

RAID 10 是 RAID 1 与 RAID 0 的组合体，它是利用奇偶校验实现条带集镜像的，所以它继承了 RAID 0 的快速性和 RAID 1 的安全性。RAID 1 在这里就是一个冗余的

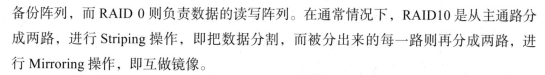

备份阵列，而 RAID 0 则负责数据的读写阵列。在通常情况下，RAID10 是从主通路分成两路，进行 Striping 操作，即把数据分割，而被分出来的每一路则再分成两路，进行 Mirroring 操作，即互做镜像。

与 RAID 10 类似的一种卷是 RAID 01，二者的区别如下：

RAID 01，先进行条带存放（RAID 0），再进行镜像（RAID 1）。

RAID 10，先进行镜像（RAID 1），再进行条带存放（RAID 0）。

3.2.5　RAID 5

RAID 5 是一种兼顾存储性能、数据安全和存储成本的存储解决方案。 RAID 5 可以被理解为 RAID 0 和 RAID 1 的折中方案。RAID 5 可以为系统提供数据安全保障，但保障程度要比 Mirror 低，而磁盘空间利用率要比 Mirror 高。RAID 5 具有和 RAID 0 相似的数据读取速度，只是多了一个奇偶校验信息，写入数据的速度比对单个磁盘进行操作稍慢。由于多个数据对应一个奇偶校验信息，RAID 5 的磁盘空间利用率要比 RAID 1 高，存储成本相对较低，是运用得较多的一种解决方案。图 3-11 为 RAID 5 读写数据的大致流程。

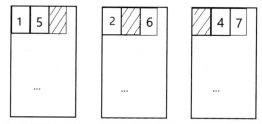

假设有一个500M的文件，它会被分成很多个64K的小块，第一个64K写入第一块盘，第二个64K写入第二块盘，然后，将第一个64K和第二个64K的数据进行计算，算出一个校验值写入第三块盘，以此类推

图 3-11　RAID 5 读写数据的大致流程

RAID 5 读写数据至少需要三块磁盘，但是对盘数是奇数还是偶数则没有要求。RAID 5 因为写的时候要计算数值，所以写的速度比较慢，读的速度比较快，但如果有一块磁盘损坏了，读的速度就慢了。RAID 5 这种技术是不允许有两块磁盘同时损坏的。

配置 RAID 5 的操作步骤与配置 RAID 0 类似，唯一的不同点在于，在图 3-6 中点击右键弹出的对话框中，配置 RAID 5 选择的是"新建 RAID 5 卷"，其他配置步骤与配置 RAID 0 大同小异。最后，配置完成界面如图 3-12 所示。

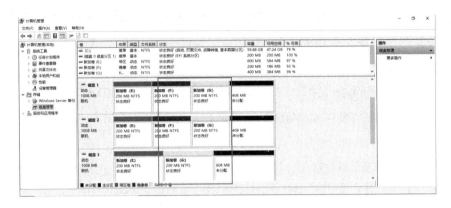

图 3-12　RAID 5 配置完成界面

3.2.6　RAID 2.0

RAID 2.0（Redundant Array of Independent Disks Version 2.0，独立磁盘冗余数组 2.0）为增强型 RAID 技术，有效解决了机械硬盘容量越来越大、重构一块机械硬盘所需时间越来越长、传统 RAID 组重构窗口越来越大而导致重构期间如有一块硬盘发生故障就会彻底丢失数据的问题。RAID 2.0 技术的基本思想是把大容量机械硬盘先按照固定的容量切割成多个小分块（Chunk，通常大小为 64MB），RAID 组建立在这些小分块上，而不是某些硬盘上，我们称之为分块组（Chunk Group）。此时硬盘间不再组成传统的 RAID 关系，而是组成更大硬盘数量的硬盘组（通常包含 96 块硬盘），每块硬盘上不同的分块可与此硬盘组上不同硬盘上的分块组成不同 RAID 类型的分块组，这样一块硬盘上的分块可以属于多个 RAID 类型的多个分块组。鉴于这样的组织形式，基于 RAID 2.0 技术的存储系统能够做到在一块硬盘发生故障后，在硬盘组的所有硬盘上并发进行重构，而不是在传统 RAID 的单个热备盘上进行重构，从而大大降低重构时间，减少重构窗口扩大导致的数据丢失的风险，在硬盘容量大幅增加的同时确保存储系统的性能和可靠性。RAID 2.0 并没有改变传统的各种 RAID 类型的算法，而是把 RAID 范围缩小到分块组上。RAID 2.0 技术具有以下技术特征：

第一，几个、几十个甚至上百个机械硬盘组成硬盘组。

第二，硬盘组中的硬盘被分割成几十兆、上百兆的分块，不同硬盘上的分块组成分块组（Chunk Group）。

第三，RAID 计算在分块组（Chunk Group）内进行，系统不再有热备盘，热备盘被同一分块组内保留的热备块所代替。

由于在 RAID 2.0 系统中一块硬盘发生故障后，重构可以在同一硬盘组内其他所有硬盘保留的热备空间上并发进行，因此使用 RAID 2.0 技术的存储系统具有以下优势：

第一，快速重构。存储池内所有硬盘参与重构，相较于传统 RAID，其重构速度大幅提升。

第二，自动负载均衡。RAID 2.0 使得各硬盘均衡分担负载，不再有热备盘，提升了系统的性能和硬盘的可靠性。

第三，系统性能提升。LUN 基于分块组创建，可以不受传统 RAID 硬盘数量的限制分布在更多的物理硬盘上，因而系统性能随着硬盘 IO 带宽增加而得以有效提升。

第四，自愈合。当出现硬盘预警时，无须热备盘，无须立即更换故障盘，系统即可快速重构，实现自愈合。

3.3　简单卷和跨区卷

简单卷和跨区卷是在动态磁盘中经常会见到的两种卷。

简单卷是物理磁盘的一部分，但它工作时相当于物理磁盘上的一个独立单元。简单卷相当于 Windows NT 4.0 及更早版本中的主分区的动态存储。当只有一个动态磁盘时，简单卷是可以创建的唯一卷。

跨区卷必须建立在动态磁盘上，是一种和简单卷结构相似的动态卷。

跨区卷将来自多个磁盘的未分配空间合并到一个逻辑卷中，这样可以更有效地使用多个磁盘上的所有空间和所有驱动器号。

配置简单卷的操作步骤与 RAID 0 类似，区别如图 3-13 所示。

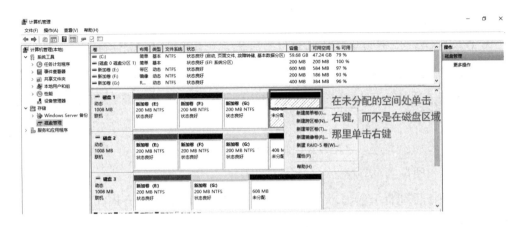

图 3-13　配置简单卷的操作步骤

其他操作与配置 RAID 0 大同小异，最后配置完成界面如图 3-14 所示。

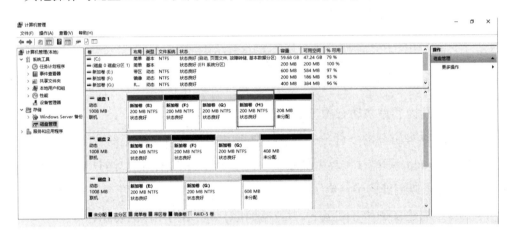

图 3-14　简单卷配置完成界面

配置跨区卷的操作步骤与配置 RAID 0 类似，唯一的不同点在于，在图 3-6 中点击右键弹出的对话框中，配置跨区卷选择的是"新建跨区卷"，其他配置步骤与配置 RAID 0 大同小异。最后，配置完成界面如图 3-15 所示。跨区卷至少需要两块磁盘，对盘数是奇数还是偶数没有要求。

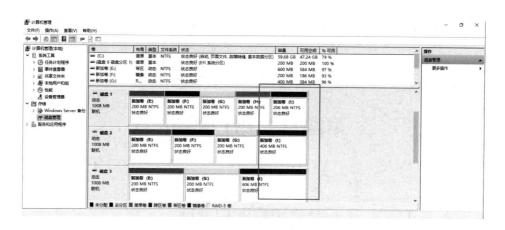

图 3-15　跨区卷配置完成界面

课后作业

在 WIN2K22 上添加带区卷、跨区卷、镜像卷和 RAID 5 卷。

第四章　用户和组

4.1　用户账户管理

若多个用户共同使用一台主机，那么，这台主机上的所有软硬件资源都是由每个用户所共享的，这样既不便于管理主机的软硬件资源，也不便于保护用户个人的设置和信息。而 WIN2K22 的用户账户管理机制便能很好地解决这个问题。用户通过自己的账户登录系统后，只能拥有资源的使用权，不能查看或修改其他用户的个人设置和数据。

4.1.1　用户账户简介

用户账户是登录多用户计算机系统和网络系统的一种认可。在 WIN2K22 中，任何人在使用共享资源和登录网络系统之前都必须拥有一个用户账户。用户使用账户登录时，系统会确认该账户并为该用户提供一个访问令牌。当用户访问网络上的任何资源时，该访问令牌就会与访问控制列表进行比较以确定该用户是否具有访问该资源的权限。

在 WIN2K22 中，最常见的两个内置账户为 Administrator 和 Guest。

Administrator 账户：是系统管理员账户，它具有系统的最高权限。

Guest 账户：是来宾账户，为临时访问计算机的用户提供的账户，它的权限非常低。

4.1.2　创建用户账户

在 WIN2K22 中，创建用户账户主要有两种方式，一种是在命令提示符里通过命令来创建，一种是在系统里通过相应的设置步骤来创建。下面分别介绍具体的创建过程：

1. 通过命令的形式创建

在命令提示符里输入命令：net user zhangsan a1! /add。这条命令就会在系统里创建一个名为"zhangsan"，密码为"a1!"的账户。

2. 通过相应的设置步骤来创建

创建的步骤如图 4-1 到图 4-4。

右键点击"此电脑"，在弹出的对话框中选择"管理"，如图 4-1 所示。

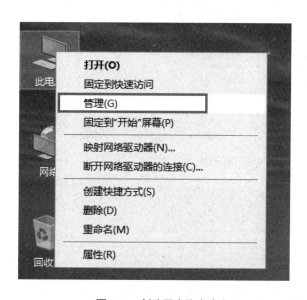

图 4-1　创建用户账户步骤 1

在新的对话框中选择"本地服务器"，在右上角的"任务"下拉菜单处，点击"计算机管理"，如图 4-2 所示。

图 4-2　创建用户账户步骤 2

在弹出的对话框中展开"本地用户和组"菜单，点击"用户"，在右边空白处，点击鼠标右键，在弹出的对话框中选择"新用户"，如图 4-3 所示。

图 4-3　创建用户账户步骤 3

在弹出的对话框中，填入相应的用户信息，点击"创建"即可创建成功，如图 4-4 所示。

图 4-4　创建用户账户步骤 4

在图 4-4 中，"全名（F）"和"描述（D）"在学习 WIN2K22 时可以不填，但是，在企业工作中，应根据企业的具体要求进行填写。

"用户下次登录时必须修改密码（M）"的应用场景是：假如一个企业的新员工刚

分到一台电脑，这台电脑系统的初始密码是管理员提供的，所以要求他下次登录时必须修改密码。

"用户不能更改密码（S）"的应用场景是：一些公共账户是不允许更改密码的，对于这些账户，在创建的时候应勾选"用户不能更改密码"。

"密码永不过期（W）"的应用场景是：为了安全考虑，创建用户时设置的密码是有时效的，过一段时间密码就不能用了，因此要求用户隔一段时间必须修改密码。而这里，我们在学习 WIN2K22 的过程中，为了方便，所以勾选"密码永不过期"。

"帐户已禁用（B）"的应用场景是：当想禁用某些账户时，可以勾选此选项。

如今，用图形界面的方式添加用户十分简便。之所以微软还提供通过命令行的方式新建用户，笔者认为，这一方式可以把命令写入一个批处理文件中，运行该批处理文件即可实现用户的批量添加，这是用图形界面的方式所无法比拟的优势。

此外，每个新建出来的用户都有一个唯一的 SID，这相当于每个用户的身份证号。当我们新建一个叫"guo"的用户，然后，删除它，再重新建一个叫"guo"的用户，即使这两个用户都叫"guo"，但它们的 SID 是不一样的，因为两个同名同姓的人是两个不同的人，而两个同名的用户也是两个不同的用户（查看用户的 SID 的命令分别是 whoami 和 all）。

4.2　组

4.2.1　组简介

组是本地计算机中的对象，它包括用户、联系人、计算机和其他组。在 WIN2K22 中，组可以被用来管理用户和计算机对共享资源的访问。引入组的概念主要是为了方便管理具有相同访问权限的一系列用户账户。由于用户在登录计算机时均要使用用户账户，所以每一个用户账户都有其登录后所具有的权限。每个用户账户的权限可以不同，但可能某些用户账户的权限是相同的，因此，在创建这些用户账户时，必须为它们赋予相同的权限，这样就多做了很多重复性的工作。有了组的概念之后，可以将这些具有相同权限的用户都划归到该组，使这些用户成为该组的成员，然后通过赋予该组的权限来使这些用户都具有相同的权限。

4.2.2　创建组和删除组

创建组和删除组是服务器管理中的常见操作，其具体的操作步骤如图 4-5 所示。

和之前章节的一些操作类似，先进入"服务器管理器"界面，然后进入"计算机管理"界面。在弹出的对话框中，展开"本地用户和组"，点击"组"选项，然后在右边区域的空白处，点击鼠标右键，即可进行添加组操作；选择其中一个组，点击鼠标右键，即可进行删除组的操作。

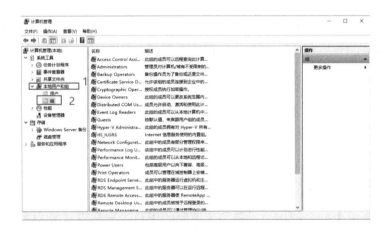

图 4-5　添加组和删除组的操作界面

4.3　用户和组应用小实验

下面，介绍几个关于用户和组的小实验，以便加深读者对这一部分知识的理解。

4.3.1　实验一：远程桌面连接中的用户权限

实验内容：将一个普通用户加入管理员组，然后在 WIN7 中远程桌面连接 WIN2K22，登录成功后又从管理员组里面删除该用户。但此时该用户还是有管理员权限的，因为用户有什么权限是在用户登录时就确定了的。但如果退出当前远程页面，下次再远程连接时该用户具有的管理员权限就消失了。其关键操作步骤如图 4-6 到图 4-10 所示。

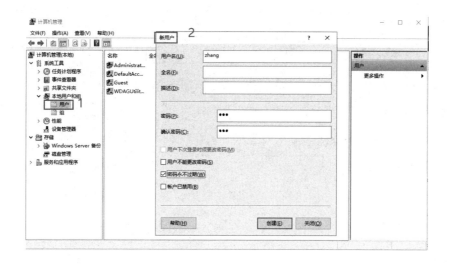

图 4-6 实验一关键操作步骤 1

选中新建的用户"zhang"，点击鼠标右键，在弹出的对话框中点击"属性"，在弹出的对话框中点击"隶属于"，点击"添加（D）"，如图 4-7 所示。

图 4-7 实验一关键操作步骤 2

在弹出的对话框中，点击"高级（A）"，如图 4-8 所示。

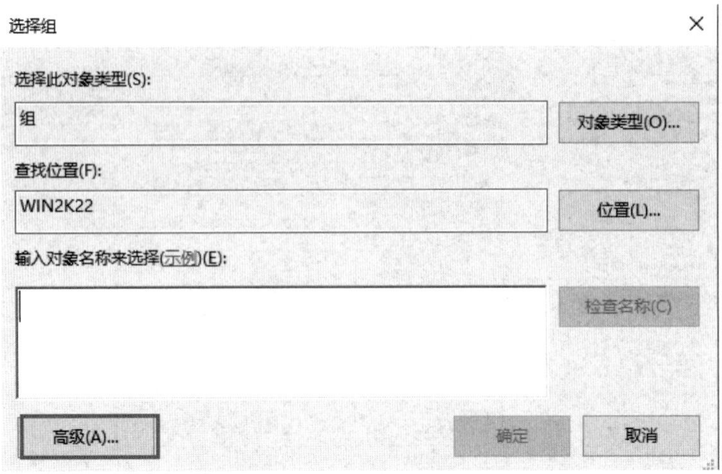

图 4-8　实验一关键操作步骤 3

　　在弹出的对话框中，点击"立即查找"，便可以在该对话框的下部看到相应的用户和组的选项，选择管理员组 Administrators，点击"确定"，便可将"zhang"加入管理员组，如图 4-9 所示。

图 4-9　实验一关键操作步骤 4

　　在 WIN2K22 中，右键点击"此电脑"，点击"属性"，在"相关设置"中，点击"远程桌面"，启用远程桌面，如图 4-10 所示。

图 4-10 实验一关键操作步骤 5

打开一个 WIN7 虚拟机，在"运行"对话框中，输入"mstsc"，打开远程桌面对话框，输入 WIN2K22 的 IP 地址，再输入用户"zhang"的账号和密码，便可远程桌面连接 WIN2K22 成功。测试此时远程桌面是否具有管理员权限，可以看能否通过远程桌面新建用户，因为新建用户是一个权限非常大的操作。经测试，能够新建成功。之后，在 WIN2K22 界面删除"zhang"用户，我们会发现，WIN7 的远程桌面那边依然还可以创建用户，但是，一旦 WIN7 那边退出远程桌面，则无法再用"zhang"的用户信息登录了。

说明：为什么会出现这种情况？因为远程桌面连接过去的用户权限，是在连接之时就决定了的。WIN7 一开始远程桌面连接时是用管理员组的"zhang"用户登录的，所以，在这个远程桌面界面，所有操作都具有管理员权限，即使 WIN2K22 删除了"zhang"用户，但 WIN7 已经连接过来了，用户依然具有管理员权限，但退出该远程桌面后，之前登录时产生的管理员权限便消失了。

4.3.2 实验二：隐藏用户

实验内容：先新建一个叫"wangding"用户，将其加入管理员组，然后导出其注册表数据，然后删除 wangding 用户，再把刚才导出的注册表数据重新加入，就会出现能用 wangding 用户访问共享文件夹，但看不见 wangding 用户的情况。除非重启服务器，才能看见 wangding 用户，但服务器一般不重启。其关键操作步骤如图 4-11 到图 4-16 所示。

本实验需要 WIN2K22 和 WIN7 两个虚拟机，WIN2K22 作为服务器端，WIN7 作为客户端。先在 WIN2K22 上新建一个叫 wangding 的用户和一个共享文件夹，如图 4-11 和图 4-12 所示。

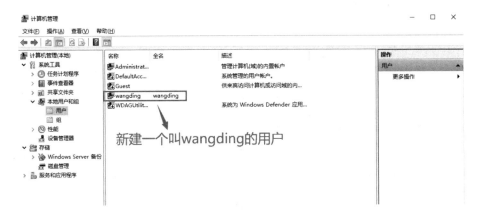

图 4-11　实验二关键操作步骤 1

图 4-12　实验二关键操作步骤 2

在 WIN7 上，通过在运行里输入 \\WIN2K22 的 IP 地址的方式，输入 wangding 的账号信息，可以看到 wangding 用户能够正常访问刚才 share 文件夹的信息。

然后，在 WIN2K22 中，进入注册表，导出关于 wangding 用户的注册表信息，其具体操作步骤如图 4-13 到 4-16 所示。

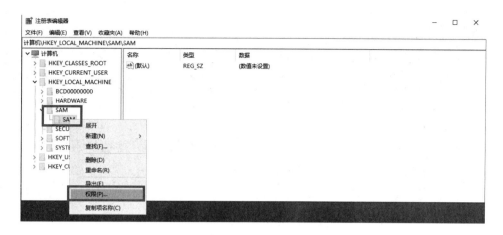

图 4-13 实验二关键操作步骤 3

在弹出的对话框中按照图 4-14 所示进行操作。

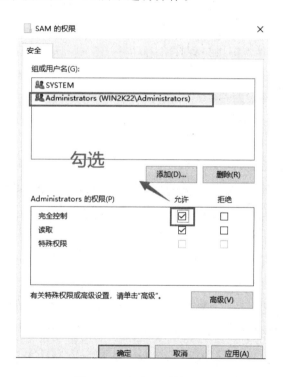

图 4-14 实验二关键操作步骤 4

然后，按照图 4-15 所示进行操作。

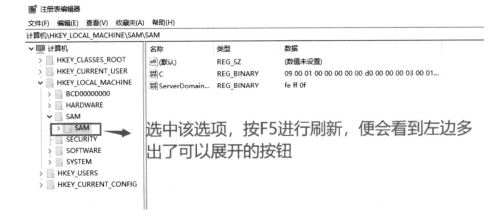

图 4-15　实验二关键操作步骤 5

在图 4-15 中，原来"SAM"的左边是没有">"这个符号的，需要选中它，然后按"F5"，便会发现"SAM"的左边多出了">"符号。

之后，按照图 4-16 所示进行操作。

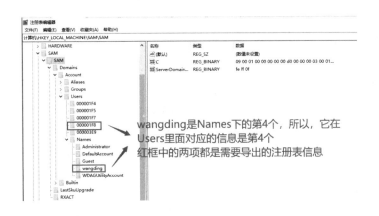

图 4-16　实验二关键操作步骤 6

导出图 4-16 中红框中的两项注册表信息。

接着，删除 wangding 这个用户，注意，是删除这个用户，不是删除它的注册表信息。删除后，再把刚才导出的两项注册表信息重新导入，可以看到，在用户和组页面中已经看不到 wangding 这个用户了。但是，经测试，在 WIN7 那边，依然可以用 wangding 的用户信息访问之前的共享文件夹。

这是一个常见的安全漏洞。黑客常用这种方式在攻入系统后，创建这样一个隐藏账户，使得网络管理人员难以察觉，除非重启服务器，但是，服务器一般不重启。

4.3.3　实验三：不在管理员组的管理员

实验内容：将管理员组内用户的某些数据复制到非管理员用户上，这样，非管理员用户便拥有了管理员权限。如何验证该用户是否具有了管理员权限呢？只要它能创建新用户就行了，因为创建新用户是管理员的特权。

将管理员数据复制到非管理员用户上，如图 4-17 所示。

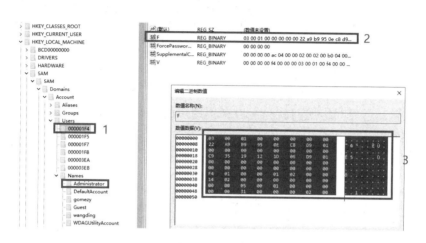

图 4-17　实验三关键操作步骤

在图 4-17 中，Administrator 是管理员，它在"Names"下是第一个选项，所以，它在"Users"里对应的数据也是第一个。在数据里找到 F 值，将 F 值的数据全部复制到相应的非管理员用户的 F 值处，就可以看到，非管理员用户虽然显示的依然是非管理员，但是它已经具有管理员权限了。

4.3.4　实验四：设置本地策略降低网络访问的用户权限

作为服务器操作系统，WIN2K22 能够设置丰富的安全策略，从而保证系统的安全性。在实验四中，我们可以设置本地策略，使得网络访问时的用户权限降低，只能以来宾用户身份远程登录，进而保证系统的安全，如图 4-18 所示。

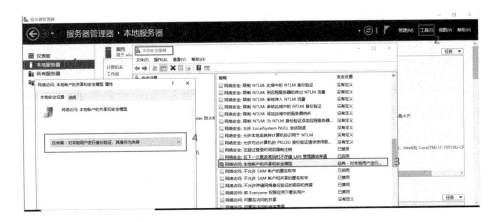

图 4-18　实验四关键操作步骤

这样设置后，远程网络访问就只能以来宾用户的身份信息登录，因为来宾用户的权限很低，这样就能保证系统的安全。

课后作业

在 WIN2K22 中新建一个用户，用户名为自己名字的拼音，密码随便指定，设定为"密码永不过期"，然后将其加入远程桌面组，在 WIN7-1 上使用远程桌面远程连接 WIN2K22，要求使用刚才新建的用户作为登录账户。

第五章　NTFS 文件系统

5.1　NTFS 简介

NTFS（New Technology File System）是 Windows NT 内核的系列操作系统支持的，一个特别为网络和磁盘配额、文件加密等管理安全特性设计的磁盘格式，提供长文件名、数据保护和恢复功能，能通过目录和文件许可实现安全性，并支持跨越分区。

NTFS 文件系统最早出现于 1993 年的 Windows NT 操作系统中，它的出现大幅度地提高了微软原来的 FAT 文件系统的性能。

NTFS 是一个日志文件系统，这意味着除了向磁盘中写入信息，该文件系统还会为发生的所有改变保留一份日志。这一功能使 NTFS 文件系统在发生错误（如系统崩溃或电源供应中断）时更容易恢复正常，而且不会丢失任何数据，也使这一系统更具有安全性。

WIN2K22 在 NTFS 格式的卷上提供了 NTFS 权限，允许为每个用户或组指定 NTFS 权限，以保护文件和文件夹资源的安全。

5.2　NTFS 应用小实验

5.2.1　实验一：不同文件系统的安全性对比实验

实验内容：创建三个分区，分别为 NTFS 分区、FAT 分区和 FAT32 分区，并分别在三个分区里创建文件夹和文件，观察三个分区的安全性，如图 5-1 所示。

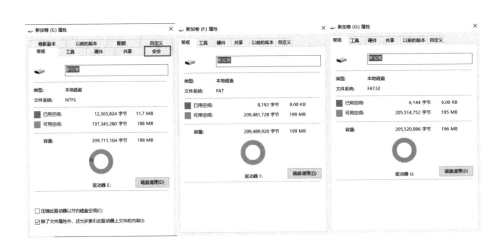

图 5-1　不同文件系统的安全性对比实验

　　在图 5-1 中，最左边的是 NTFS 分区，中间的是 FAT 分区，最右边的是 FAT32 分区。可以看到，无论是 FAT 分区，还是 FAT32 分区，都没有"安全"这个选项，所以，可以认为 NTFS 分区在安全性方面要比 FAT 分区和 FAT32 分区好。

5.2.2　实验二：分区之间的相互转换

　　分区之间是可以相互转换的，将 FAT32 分区转换成 NTFS 分区可以通过在命令提示符里输入命令"convert 某个盘符：/fs:ntfs"来实现，也可以通过在格式化时选择 NTFS 文件系统来实现。而将 NTFS 分区转换成 FAT32 分区，就只能通过在格式化时选择 FAT32 文件系统来实现，如图 5-2 所示。

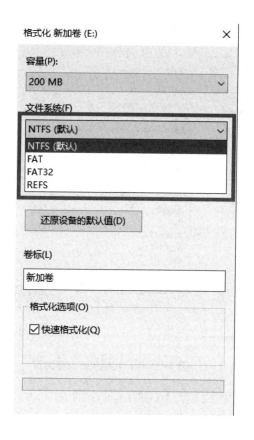

图 5-2　格式化时选择文件系统

5.2.3　实验三：管理员修改普通用户的权限

　　实验内容：在 WIN2K22 上，新建一个普通用户"zhang"，新建一个文件夹和文件，管理员修改"zhang"对该文件夹的不同访问权限，查看效果。

　　在做这个实验之前，我们先来看一下 NTFS 分区中与用户和组的权限的设置密切相关的几个页面。在 NTFS 分区中的一个文件夹上点击右键，然后点击"属性"，在弹出的对话框中选择"安全"选项，便可看到如图 5-3 所示的页面。

图 5-3　用户和组权限设置页面

　　在图 5-3 中，E 盘是 NTFS 分区，test 是其中的一个文件夹，"编辑（E）"和"高级（V）"按钮都是用户和组对于该文件夹的操作权限，从某种意义上讲，二者是殊途同归的，无非是"编辑"的设置粗粒度一点儿，"高级"的设置细粒度一点儿，从最终的权限设置的效果上讲，二者是没有本质区别的。

　　"CREATOR OWNER"这个组指代的是创建者组，意思是该文件夹的创建者所属于的组，它对该文件夹具有完全控制权限。也就是说，如果 test 文件夹是"lisi"这个用户创建的，那么，"lisi"这个用户就对该文件夹具有完全控制权限。

　　"SYSTEM"是系统组，这个组的权限非常高，该组成员基本上可以访问这台计算机的所有资源。

　　"Administrators"是管理员组，该组的成员具有管理员权限。

　　"Users"是普通用户组，新建的用户默认都在这个组中。

　　在图 5-3 中，权限框中的权限解读如下："写入"权限是指能在该文件夹中放入文件；"读取"是指能读该文件夹中的文件（但不能对可执行文件进行运行、安装和使用操作）；"列出文件夹内容"是指能展示该文件夹中的文件；"读取和执行"是指既能展示该文件夹中的文件，又能读该文件夹中的文件（能对可执行文件进行运行、安装和使用操作），当勾选"读取和执行"时，"列出文件夹内容"和"读取"都同时被自动勾选了；"修改"是指既能读又能写，当勾选"修改"时，"读取和执行""列出文件夹内容"读取"和"写入"都同时被自动勾选了；"完全控制"权限最高，除了包含"修改"的所有权限外，它还能指定其他用户对该文件夹的操作权限，当勾选"完全控制"权限时，其他所有的权限都同时被自动勾选了。

　　但是，在默认情况下，Users 组的用户权限是无法被直接更改的，因为在 NTFS 分区中，文件夹的操作权限都默认继承自父文件夹，所以，要想更改某个用户或组对某个文件夹的操作权限，必须先取消继承。取消继承需要先点击"高级"按钮，然后，在弹出的对话框中进行操作，如图 5-4 所示。

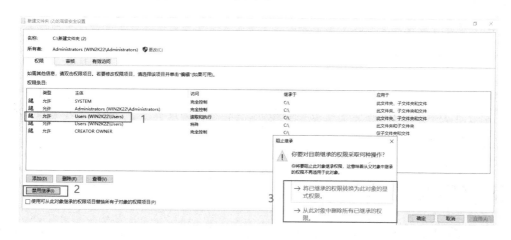

图 5-4　取消继承对话框

　　在图 5-4 中，若想更改 Users 组对某个文件夹的权限，必须先取消其从父文件夹继承来的权限。从图中可以看出，因为这个文件夹是位于 C 盘根目录的，所以可以看到"继承于"那里写的是"C:\"。选中 1 号红框，点击"禁用继承（I）"，在弹出的对话框中有两个选项，一个是"将已继承的权限转换为此对象的显式权限"，另一个是"从此对象中删除所有已继承的权限"，任意点击其中一个，都会取消继承，但是二者有区别，区别在于：前者会把继承的父文件夹的权限展示出来，我们可以选择继承的这些权限是继续保持勾选还是不勾选；而后者则是把所有勾选全部去掉，给我们一个完全没有任何勾选的界面。笔者比较喜欢选择第一个选项，因为这样既能看到原有的继承有哪些权限，又能自己决定哪些勾选保留，哪些不保留。

　　在图 5-4 中，取消继承后，会发现"查看"按钮变成了"编辑"按钮，点击"编辑"按钮，会弹出如图 5-5 所示的对话框。在这个对话框中，点击"显示高级权限"，会将原有的权限进行细化，但不管是细化的权限，还是原有的几项权限，从最终效果上讲，都是殊途同归的，无非是一个细粒度一点儿，一个粗粒度一点儿。

　　在图 5-5 中，"应用于"的下拉菜单里，可以选择权限的作用范围，这个步骤非常重要，因为有些高级的权限需要通过设定权限的作用范围来实现。

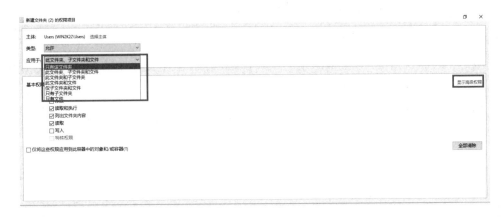

图 5-5　点击"编辑"产生的对话框

有了上述的知识储备后，实验三就能够非常容易地展开了，这里不再赘述，读者有兴趣的话可以自行设置查看。

5.2.4　实验四：学生上交作业

实验内容：要求学生上交作业，并只能对自己上交的作业进行修改，对别人的作业只能看题目（即文件夹的名字），没有其他的权限。

实验过程：在 WIN2K22 上，新建两个用户，一个叫"zhangsan"，一个叫"lisi"，然后，在一个 NTFS 分区中新建一个文件夹叫"homework"，设置 homework 文件夹的NTFS 权限如图 5-6 和图 5-7 所示。

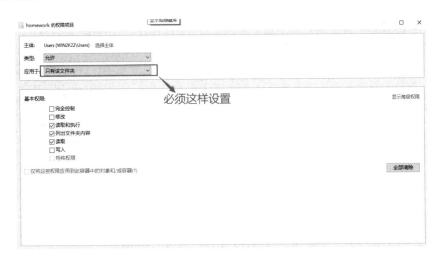

图 5-6　homework 文件夹 NTFS 权限设置 1

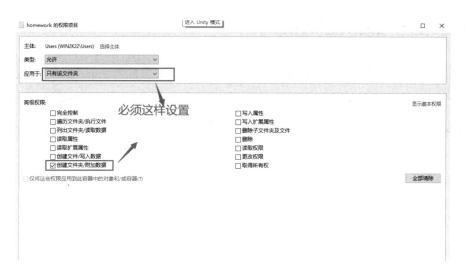

图 5-7　homework 文件夹 NTFS 权限设置 2

在图 5-6 和图 5-7 中，先去掉从父文件夹继承的权限，然后进行 NTFS 的权限设置。这样设置好之后，分别用"zhangsan"和"lisi"登录系统，分别在 homework 文件夹下创建一个叫"zhang"的文件夹和一个叫"li"的文件夹。这样，便可使每个学生只能对自己的作业进行修改，对别人的作业只能看，不能改。

说明：为什么进行如上设置后便可满足实验四的实验要求？其背后的逻辑是这样的：创建用户"zhangsan"和"lisi"，它们被创建出来后，默认都是 Users 组的用户。首先，去掉 homework 文件夹的父文件夹对其 NTFS 权限的干扰，即去掉继承。这样，我们可以在图 5-6 和图 5-7 中看到，Users 组的用户对 homework 文件夹的权限范围都只是 homework 文件夹本身，不包含 homework 文件夹的子文件夹等，简单来说，Users 组的用户对 homework 文件夹的权限就是读取和创建文件夹，没有其他权限。所以，当我们分别用"zhangsan"和"lisi"登录系统后，都能在 homework 文件夹下创建子文件夹——"zhang"和"li"，因为在 homework 下创建文件夹的权限，Users 组的用户是有的。那么，为什么"zhangsan"能在"zhang"文件夹下创建文件，并且能对该文件进行修改呢？因为"zhangsan"是"zhang"文件夹的创建者，一个文件夹的创建者对这个文件夹本身具有完全控制权限，"lisi"对"li"文件夹的权限也是同样的道理。为什么"zhangsan"对"li"文件夹的权限是只能看文件夹的名字，没有其他权限呢？因为 Users 组的用户对 homework 文件夹与读相关的权限只针对 homework 文件夹本身，不包括其子文件夹。

5.2.5　实验五：删除其他所有用户

在图 5-4 中，如果某个用户把管理员和其他用户都删除了，只留下它自己，这样看似这个文件夹只有该用户能够访问。如果真是这样的话，在实际工作中，可能会带来安全隐患。但是，管理员是有特权的，管理员可以一路凭借特权强制获得权限，从而打破这种限制。关于这个实验，有兴趣的读者可以自行练习。

5.3　EFS

1. EFS 简介

众所周知 Windows9x 系统安全性不佳。微软公司从 Windows 2000 开始引入了加密文件系统（Encrypting File System，EFS）。EFS 能够以加密的形式把数据存储在硬盘中。一旦用户加密了一个文件，只要该文件还存储在硬盘中，就会以加密的形式存在。

（1）EFS 的特性

EFS 在后台运行，并且对用户和应用程序是透明的，它仅允许认证的用户访问加密的文件。EFS 在文件存储的时候自动加密，并且自动为用户解密文件。EFS 文件在本地或网络上都是保持加密状态的，文件还可以在离线文件夹中被加密。加密的文件和文件夹是能够被颜色标示出来的。

（2）EFS 的关键概念

①加密文件系统（EFS）：有一种错误的观念认为，加密文件系统就是给文件加上密码。实际上，EFS 是一种可以将敏感的数据加密并存储在 NTFS 文件系统上的技术，离开了 NTFS 文件系统，它将无法实现。

②EFS 原理：EFS 所用的加密技术是基于公钥的。它易于管理，不易受到攻击，并且对用户是透明的。如果用户想要访问一个加密的 NTFS 文件，并且有这个文件的私钥，那么就能像打开普通文档那样打开这个文件，而没有该文件的私钥的用户将被拒绝访问。

③公钥：公钥其实是用来加密数据的，相当于我们家的门锁，任何人都可以使用它。

④私钥：私钥是用来解密文件的，相当于我们家门锁的钥匙。如果我们的钥匙被损坏或丢失了，我们就不能打开自家的锁了。

（3）如何使用 EFS

EFS 的使用方法十分简单，只要在文件上点击鼠标右键或点击文件夹在属性上的一般设置页上的高级按钮，然后选择 EFS 加密就可以了。但要注意的是，EFS 的关键因素有三个：①用户私钥；②注册表中的信息；③ SAM 数据库信息（SAM 数据库是存储用户账户和密码的数据库，属于系统的关键文件，位于 "%system%\window\system32\config\"）。如果三个因素中有一个出现了问题，那么整个系统的用户部分就会失效，表现为用户被拒绝访问文件。

如图 5-8 所示，为用户 "li" 将文件夹 efs-test 进行 EFS 加密。

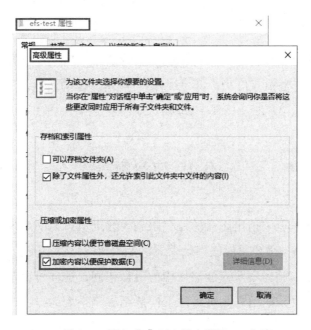

图 5-8　用户 "li" 对文件夹进行 EFS 加密

2. 对称加密和非对称加密

与 EFS 关系比较密切的概念是对称加密和非对称加密。

对称加密：加密和解密用的是同一个密钥，加密效率高。

非对称加密：包含公钥和私钥，一般是公钥加密，私钥解密。

在实际的网络通信中，常常结合二者的特点，进行加解密操作，如图 5-9 所示。

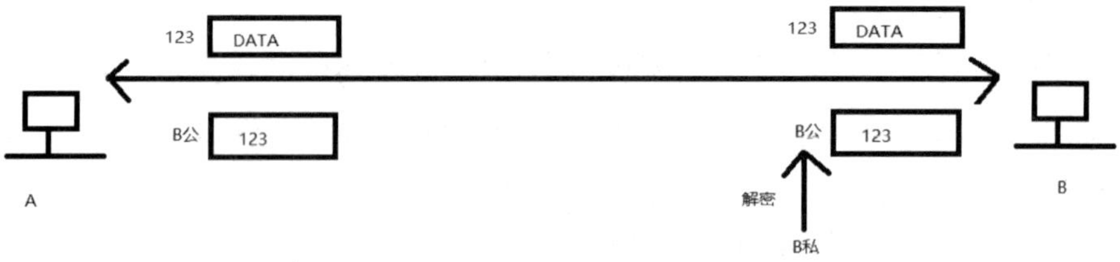

图 5-9　现实中常见的网络通信模式

在图 5-9 中，A 给 B 通信时，因为非对称加密的加密效率较低，对称加密的加密效率较高，所以，一般是用对称加密的密钥加密消息（图 5-9 中的"123"代表对称加密密钥）。虽然非对称加密的加密效率较低，但是只用非对称加密的密钥（图 5-9 中是 B 的公钥）来加密对称加密密钥本身，就不会花费太多时间。在接收端，B 用自己的私钥解密出对称加密密钥"123"，再用"123"解密具体的消息。这种加密形式既保证了安全性，又提高了加密的总体效率，所以，在现实生活中被广泛应用。

5.4　磁盘配额

磁盘配额是计算机中指定磁盘的储存限制。管理员可以对用户所能使用的磁盘空间进行配额限制，每一用户只能使用最大配额范围内的磁盘空间。

磁盘配额可以限制指定账户能够使用的磁盘空间，这样可以避免因某个用户过度使用磁盘空间而导致其他用户无法正常工作甚至影响系统运行。在服务器管理中此功能非常重要，但对单机用户来说意义不大。

在 Windows 系列中，只有 Windows 2000 及其以后的版本使用 NTFS 文件系统的，才能实现这一功能，所以在 WIN2K22 中能够进行磁盘配额设置。关于磁盘配额设置的关键界面见图 5-10 所示。

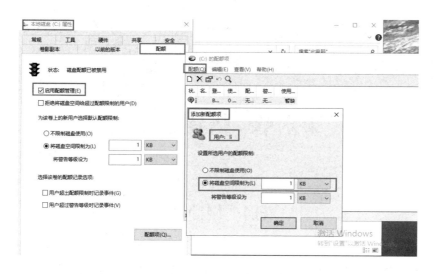

图 5-10　磁盘配额设置的关键界面

在图 5-10 中，磁盘配额设置是管理员的特权，普通用户无法设置磁盘配额。管理员在 C 盘的盘符上，点击鼠标右键，然后点击"属性"，便可看到"配额"标签，点击该标签，便可进行配额设置。在图 5-10 中，管理员对用户"li"进行了磁盘配额限制，当超过限制时，会触发相应的警告等，并记录相应的日志。

课后作业

在一个公司的大文件夹中，允许员工创建自己的文件夹，使员工在自己的文件夹中可以进行任何操作，但不能访问他人的文件夹。

第六章 搭建域环境

6.1 域简介

域和活动目录是 Windows 服务器管理中的重要内容，如果要深入讲，完全可以再写一本书，本书对这部分内容只做简单介绍。

首先，我们以问答的形式，了解和域相关的一些概念。

问：什么是目录？

答：目录是存储以某种方式相关联的对象的信息集合，如通信录。

问：什么是活动目录？

答：活动目录是一个全面的目录服务管理方案，提供了对用户、计算机、打印机、文件、应用程序进行统一管理的方法。

问：什么是工作组？什么是域？

答：工作组是将计算机划分到不同的组中，以方便管理。域是网络上的用户和计算机组成的一个逻辑组。

问：工作组模式与域模式的区别是什么？

答：工作组模式，即所有服务器独立管理，访问资源时，需要为每台服务器创建相同的账户。

域模式，即服务器和账户统一资源管理、统一身份验证，管理员可以在一台服务器上管理整个域，访问所有资源。

域模式中对账户和资源统一管理的机制就是活动目录。域中的所有账户和资源都在活动目录数据库中登记，用户可以使用活动目录来查找和使用资源。

问：什么是域控制器？

答：域控制器，即 Domain Controller。安装了活动目录的计算机，在域环境中，域控统一管理账户数据库、用户登录权限、资源访问认证等。

一个域中可以有多台域控，每台域控之间地位平等，任意一台域控上更新的信息，会自动同步到其他域控上。

问：域和活动目录的关系是什么？

答：域是活动目录的一种实现形式，通过域来管理活动目录。

问：什么是域树？什么是域林？

答：域树，即由多个域组成的，这些域必须具有相同的命名空间。域树中的域通过双向可传递信任关系连接在一起，在域树中创建的新域可以与其他域建立信任关系。

域林，即由一个或多个没有连续命名空间的域树组成的。

6.2　搭建域环境

搭建域环境需要用到 DNS 服务器。在搭建域环境的过程中，先将 WIN2K22 配置成一台域控制器，然后将 WIN7 作为客户端，WIN7 通过 DNS 服务器来找到域控制器，即可加入域中。而 DNS 服务器可以另外由一台虚拟机来充当，也可以让 WIN2K22 既作为域控制器，又作为 DNS 服务器，这样，就可以不用开那么多虚拟机，节省物理机内存。图 6-1 到图 6-15 所示为搭建一个简单域环境的过程。

在操作过程中，我们让 WIN2K22 既作为域控制器，又作为 DNS 服务器。WIN2K22 的网络连接模式选择 NAT 模式，其 IP 地址为 192.168.80.22。

先把 WIN2K22 配置成域控制器，因为要安装软件，所以要提前在虚拟机的光盘中把系统安装的 ISO 文件放进去。

图 6-1　配置 WIN2K22 成为域控制器的关键步骤 1

在服务器管理器中按照图 6-1 中的顺序进行点击，一路保持默认，点击"下一步"，直到图 6-2 所示界面。按照图 6-2 所示进行勾选，点击"下一步"，之后一路保持默认，点击"下一步"。

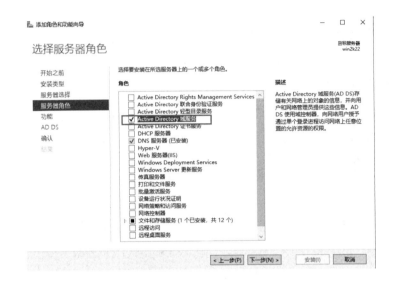

图 6-2　配置 WIN2K22 成为域控制器的关键步骤 2

安装成功后，服务器管理器里会出现如图 6-3 所示的界面。

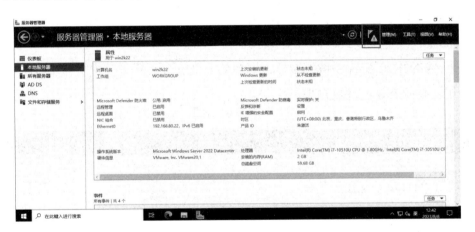

图 6-3　安装域环境成功后的界面

点击图 6-3 中的叹号区域，选择"部署后配置"里的"将此服务器提升为域控制器"，如图 6-4 所示。

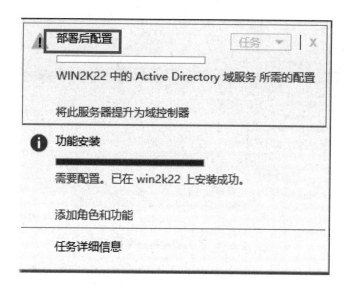

图 6-4 "部署后配置"的界面

在弹出的对话框中按照图 6-5 所示进行配置，点击"下一步"。

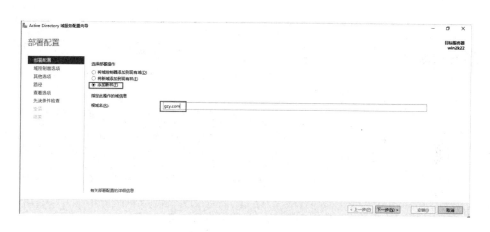

图 6-5 配置域控制器的关键步骤 1

在弹出的对话框中按照图 6-6 所示进行设置。在图 6-6 中，"林功能级别"和"域功能级别"均选择 Windows Server 2008，因为接下来加入域的客户端是 WIN7，选择更高版本的林功能级别和域功能级别可能会有兼容性问题。若作为教学使用，可以随便设置密码。

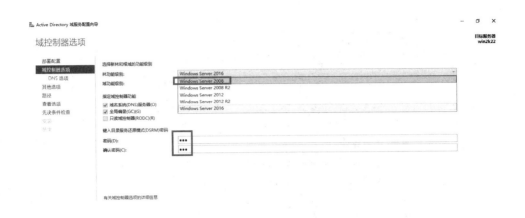

图 6-6　配置域控制器的关键步骤 2

之后的选项一路保持默认，点击"下一步"即可。在图 6-7 所示界面中，可以更改这些日志文件存放的路径，也可以不更改。

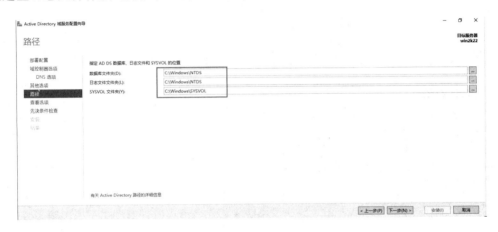

图 6-7　设置日志文件路径

然后，一路保持默认，点击"下一步"。如果出现图 6-8 所示的错误，则需要在命令提示符中运行"net user administrator /passwordreq:yes"这个命令，之后，点击"安装"按钮。

图 6-8　Administrator 密码问题

安装完成后，系统会自动重启。在重启系统后，可以看到，在系统的"Windows 管理工具"下是如图 6-9 所示的界面。

图 6-9　重启后的"Windows 管理工具"的界面

然后，在 WIN2K22 的 DNS 管理器中可以看到如图 6-10 的变化。

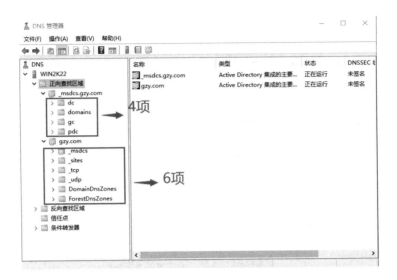

图 6-10　DNS 管理器的变化

在图 6-10 中，如果在相应位置分别有 4 项和 6 项，则说明域环境和域控制器配置成功了。

在图 6-11 中，还可以看到在 gzy.com 区域中会多出来一条 win2k22 与 IP 地址对应的记录。

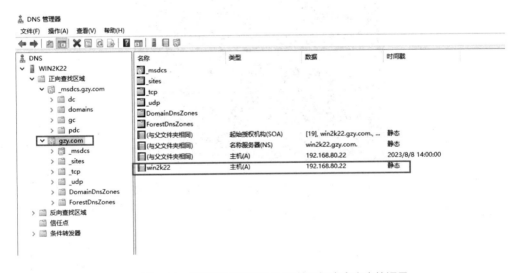

图 6-11　配置完域环境后 DNS 管理器中多出来的记录

打开 WIN7，在其 IP 地址处按照图 6-12 所示进行配置。需要注意的是 DNS 服务器地址要写 WIN2K22 的 IP 地址。

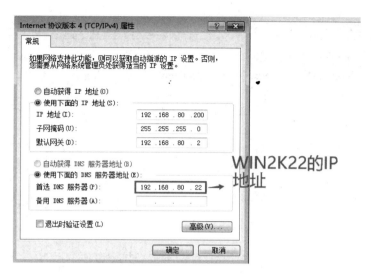

图 6-12　WIN7 的 IP 地址等的配置

之后，右键点击 WIN7 的"计算机"，在弹出的对话框中选择"属性"，接着选择"高级系统设置"，在弹出的对话框中，选择"计算机名"选项，点击"更改（C）"按钮，然后按照图 6-13 所示进行配置。需要注意，必须给 WIN2K22 的管理员账户设置一个密码，因为系统的某些设定，管理员账户的密码若为空则会报错。

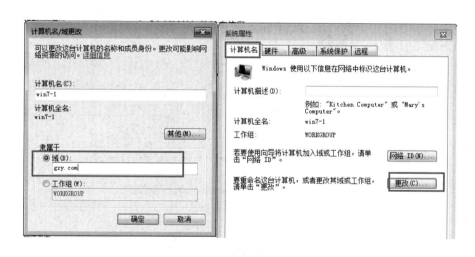

图 6-13　WIN7 加入域的关键步骤

当出现图 6-14 所示的对话框时，则说明 WIN7 已经在网络上找到 WIN2K22 了，如果没有找到的话，是不会出现这个对话框的。

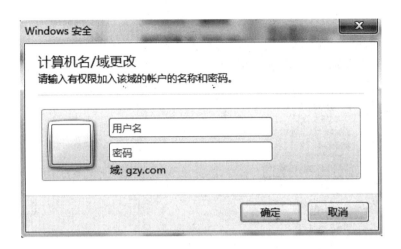

图 6-14　当 WIN7 找到 WIN2K22 时才会出现的对话框

输入管理员账户和相应的密码，出现如图 6-15 所示的对话框，则 WIN7 加入域成功。

图 6-15　WIN7 加入域成功后弹出的对话框

6.3　组策略简介及应用

6.3.1　组策略简介

在 Windows 域中，组策略可以用于组织中计算机和用户的配置。当存在多个组策略对象（Group Policy Object，GPO）时，它们的应用顺序将根据以下优先级确定：

本地组策略（Local Group Policy）：这是计算机上本地应用的策略。本地组策略的优先级最低，因为它只应用于本地计算机。

站点级别组策略（Site-level Group Policy）：是指应用于一个或多个处于同一 AD 站点的域控制器的策略。这些策略将在下一级别之前被应用。

域级别组策略（Domain-level Group Policy）：域级别组策略应用于整个域。这些策略在站点级别组策略之后被应用。

组织单位级别组策略（Organizational Unit-level Group Policy）：组织单位级别组策略应用于指定组织单位内的所有对象。如果组织单位包含子单位，则组织单位级别的 GPO 会在子单位级别的 GPO 之前被应用。

如果存在多个 GPO，则它们的设置将根据优先级进行合并。如果存在冲突，则具有最高优先级的设置将被应用。但是，当涉及设置的安全性时，较高的优先级并不总是意味着具有较高的权重

6.3.2　组策略的应用

在 WIN2K22 的 Windows 管理工具中，点击"Active Directory 用户和计算机"，如图 6-16 所示。

图 6-16　点击"Active Directory 用户和计算机"选项

在弹出的对话框中可以看到现在域环境中的域控制器的情况，如图 6-17 所示。

图 6-17　当前域环境中的域控制器的情况

在图 6-17 所示的对话框中，若点击左侧菜单栏中的"Computers"，则可查看现在域环境中的客户端的情况，如图 6-18 所示。

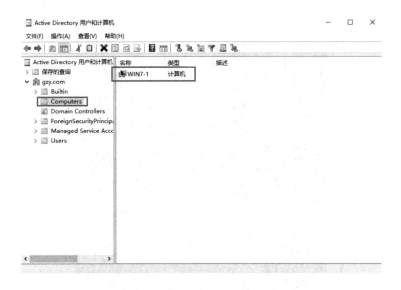

图 6-18　当前域环境中的客户端的情况

在图 6-17 中，选中"gzy.com"，点击右键，在"新建"选项处可以新建"组织单位"，点击"新建"后，会弹出 6-19 所示的对话框，输入相应的组织单位名称，点击"确定"。

图 6-19　新建组织单位

　　在新建了一个名叫 students 的组织单位后，在 WIN2K22 的 Windows 管理工具中点击"组策略管理"，可以看到如图 6-20 所示的界面。

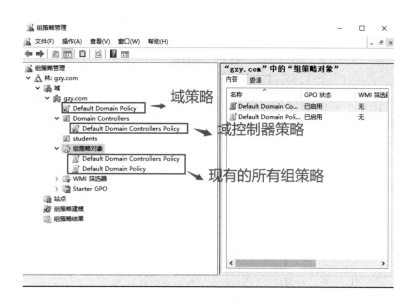

图 6-20　组策略管理界面

　　在图 6-20 中，可以看到有域策略，这是适用于整个域的策略；还有域控制器策略，这是适用于域控制器的策略；以及在"组策略对象"下，可以看到目前域当中的所有组策略。在这里，可以为组织单位 students 新建一个组策略，新建完成后，该组策略既会出现在 students 下，又会出现在"组策略对象"下。

而在"Active Directory 用户和计算机"菜单下，可以看到，一个组织单位里面可以加入的内容包罗万象，这就方便我们通过设定针对组织单位的丰富的组策略，来实现个性化的网络管理工作，如图 6-21 所示。

图 6-21　组织单位可以包含的内容

课后作业

把 WIN2K22 配置成一台域控制器，将同一个局域网中的 WIN7-1 加入域中。

第七章 打印服务器和路由器的配置与管理

7.1 打印服务器简介

我们来了解一些与打印相关的概念。

1. 假脱机管理器：指系统打印管理程序，它接受打印作业并控制从打印机队列到打印设备的打印过程。

2. 打印作业：在打印过程中，任何一个提交到假脱机管理器的打印会话都被视为一个打印作业，假脱机打印管理器可以根据作业类型来创建打印流。

3. 打印队列：也被称为假脱机文件，是指 WIN2K22 为正在打印的文档和所有已经传输到打印机上等待打印的文档建立的列表。WIN2K22 将不同应用程序发送出来的要打印的文档副本集中起来并将它们排成队列，然后按照顺序打印它们。打印队列由假脱机管理器所控制。

4. 假脱机处理：指通过网络向打印设备发送打印作业的进程。

5. 打印机池：指由一个逻辑打印机对象所代表的一组打印设备，发往该打印机池的打印作业将由第一台可用的打印设备来负责。

6. 打印处理器：可以用来修饰不同数据类型的打印作业。系统存在多个处理不同类型的打印作业的打印处理器。当打印处理器完成对打印作业的修饰之后，就把控制权交给打印提供者。

7. 打印监控器：负责把打印作业提交给不同类型的打印设备。例如，某个打印监控器把打印作业发往诸如并行、串行端口设备，而另一打印监控器把打印作业发往另一种网络接口打印机。

打印服务器是和打印机密切相关的一种服务器功能，其一个典型应用场景如图 7-1 所示。

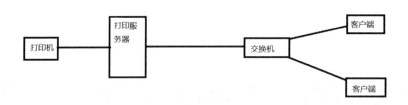

图 7-1 打印服务器的一个典型应用场景

如图 7-1 所示,打印机共享后,客户端把打印作业发给打印服务器,该打印作业就会被存到打印服务器的硬盘上,然后进行打印。在企业里,通常会用一个服务器作为打印服务器,大企业可能会有多个打印服务器。客户端把打印作业发到打印服务器后,就可以关机了,因为打印作业已经发过去了,与客户端无关了。打印机的连线,一般短距离传输,考虑速度,用并口;长距离传输,考虑成本,用串口。

7.2 配置打印服务器

配置打印服务器的关键步骤如图 7-2 到图 7-4 所示。

在 WIN2K22 中,右键点击"此电脑",选择"管理",打开"服务器管理器",点击图 7-2 中红框位置。

图 7-2 点击"添加角色和功能"

一路保持默认,点击"下一步",直到出现图 7-3 所示界面,勾选图中的"打印和文件服务"选项。

图 7-3　勾选"打印和文件服务"选项

　　一路保持默认，点击"下一步"，直到出现如图 7-4 所示的界面，勾选图中"打印服务器"选项。

图 7-4　勾选"打印服务器"选项

　　一路保持默认，点击"下一步"，最后选择"安装"，进行打印服务器的安装。

　　一段时间后，打印服务器便会安装完成。这时，我们可以在 Windows 管理工具那里看到多出来一个"打印管理"选项，如图 7-5 所示。

图 7-5 多出来的"打印管理"选项

点击"打印管理"选项，就可以看到打印管理的界面，如图 7-6 所示。

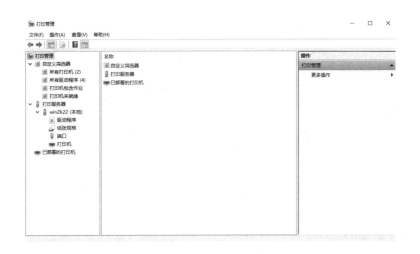

图 7-6 打印管理界面

在图 7-6 中，"自定义筛选器"中列出了默认的几个筛选器，包括"所有打印机""所有驱动程序"等，并在各个筛选器中列出目前该打印服务器上的本地和网络中的各种关于打印机的元素。在"win2k22（本地）"下的几个选项中，"驱动程序"指的是本地计算机目前有多少个打印机驱动程序，"纸张规格"指的是本地计算机目前所拥有的纸张规格，"端口"指的是本地计算机目前所支持的端口，"打印机"指的是本地计算机目前连接的打印机。在"已部署的打印机"选项中，可以查看已经部署了的本地或网络中的打印机。在"自定义筛选器"选项上点击鼠标右键，可以在弹出的对话框中选择"添加新打印机筛选器（F）"，如图 7-7 所示。

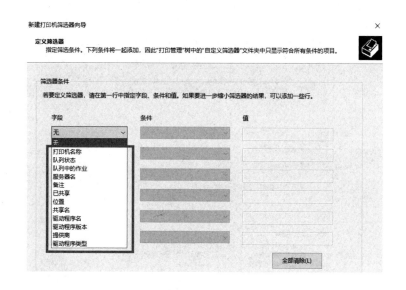

图 7-7　添加新打印机筛选器

输入新打印机筛选器的名称和描述后，点击"下一步"，可以看到如图 7-8 所示的对话框。

图 7-8　筛选器条件

在图 7-8 中可以看到，能够筛选的打印机的信息非常多，我们可以根据自己的需要进行选择。

7.3　连接网络打印机小实验

实验内容：打印服务器由 WIN2K22 配置而成，WIN7 自带一个名叫 Epson AL-2600 的打印机，WIN2K22 通过网络连接该打印机。

这个实验所用到的拓扑如图 7-9 所示。

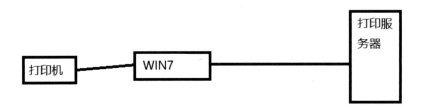

图 7-9　连接网络打印服务器实验拓扑

在图 7-9 中，WIN7 和 WIN2K22 属于同一个局域网，具体操作就是把它们的网络连接模式都设置为 NAT 模式，然后设置同一个网段的 IP 地址。具体操作的关键步骤如图 7-10 到 7-13 所示。

先将 WIN7 的打印机进行共享，共享名为"epson"，如图 7-10 所示。

图 7-10　共享 WIN7 的打印机

然后，给 WIN7 的管理员设置一个密码，因为系统的某些设定，要求管理员账号必须要有密码，否则就会报错。

打开 WIN2K22 打印管理，在"打印机"选项上点击右键，在弹出的对话框中选择"添加打印机（P）"，如图 7-11 所示。

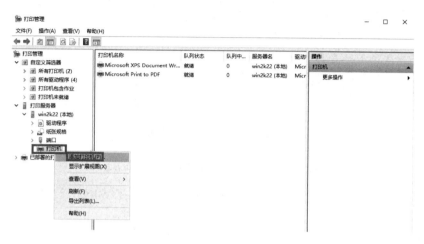

图 7-11　添加打印机

因为这里添加的是网络打印机，所以我们在新的对话框中选择第二个选项，如图 7-12 所示。

图 7-12　选择添加网络打印机的选项

在弹出的对话框中输入 WIN7 的 IP 地址，端口名输入 445，如图 7-13 所示。

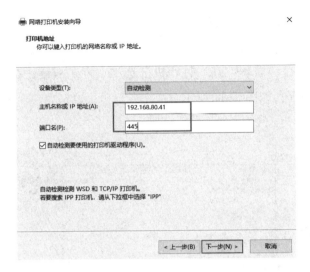

图 7-13　输入 WIN7 的 IP 地址及相应的端口名

之后，一路保持默认，点击"下一步"，最后，便可在 WIN2K22 上成功添加一台网络打印机。

7.4　设置打印服务器的属性

在打印管理器中，选中某个虚拟打印机，点击右键，点击"属性"，则可以对该虚拟打印机的属性进行设置，如图 7-14 所示。

图 7-14　设置虚拟打印机的属性

在图 7-14 中，我们可以设置虚拟打印机的使用时间，可以规定在哪个时间段允许使用打印机。若允许使用打印机的时间为上午 8：00 到 9：00，而 9：20 时有个客户端发送过来一个打印作业，则既不会报错，也不会进行打印。优先级的数字越大，则优先级越高，关于优先级的应用如图 7-15 所示。

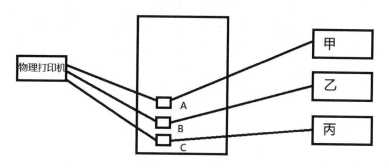

图 7-15 虚拟打印机优先级的典型应用

在图 7-15 中，A、B、C 都是虚拟打印机，它们都指向同一台物理打印机，A、B、C 分别是甲、乙、丙在用，优先级分别是 1、2、3。因为优先级的数字越大，优先级越高，所以当甲、乙、丙同时点击打印时，是丙优先使用，这就是优先级的一个典型应用。

而在图 7-14 中，若点击"安全"选项，就会发现出现的界面和 NTFS 权限的界面比较接近，区别无非是，"安全"选项界面是设置用户或组对打印机的操作权限，而 NTFS 权限界面是设置用户或组对某个文件夹的操作权限，如图 7-16 所示。

图 7-16 打印机的"安全"选项界面

打印机还有很多其他属性，这里就不一一赘述了，读者有兴趣的话可以自行了解。

课后作业

将 WIN2K22 配置成打印服务器，WIN7-1 作为客户端，实现 WIN7-1 连接打印服务器，并完成打印测试页的工作。

第八章　WINS 服务器配置与管理

8.1　网上邻居简介

网上邻居是用来访问局域网上其他计算机的。在计算机飞速发展的今天，网上办公已成为现实，而局域网的组建和管理也成为工作单位中办公人员互相沟通、资源共享的一种简易的模式。在局域网中实现资源共享用得比较多的工具就是网上邻居。

8.1.1　网上邻居工作原理

网上邻居使用的是网络基本输入 / 输出系统（NetBIOS）。NetBIOS 最初由 IBM 和 Sytek 作为 API 开发，使用户软件能使用局域网的资源。自从诞生以来，NetBIOS 就成为许多网络应用程序的基础。严格意义上来说，NetBIOS 是接入网络服务的接口标准，它提供给网络程序一套相互通信及传输数据的方法。我们是如何看到网上邻居中的内容的呢？通过使用 NetBIOS 的数据报或广播方式，在局域网上的 pc 机上建立会话来彼此联络。

NetBIOS 至多能包含 16 个阿尔法字母。在整个资源路由网络里，字母的组合必须唯一。在一台使用 NetBIOS 的 pc 机在网络上能完全工作之前，pc 机必须先登记 NetBIOS 名称。当一台计算机开机之后，它是按照以下步骤工作的：当客户端 A 活跃时，客户端 A 广播自己的名称，当它成功广播自己的名称而并没有其他客户端和它重名时，客户端 A 就登记成功了。登记过程如下：

第一步，在登录时，客户端 A 在所有地方广播自己和自己的 NetBIOS 信息 6 到 10 次，确保其他网络成员收到信息（如果有计算机没有收到信息，那么客户端 A 在该计算机的网上邻居里就隐身了）。

第二步，如果有另一客户端 B 已用此名，另一客户端 B 发布它自己的广播，包括它正在使用的名字，请求登录的客户端 A 停止登记。

第三步，如果无其他客户端反对登记，请求登录的客户端 A 则完成登记过程。如果有可用的名称服务器，那么名称服务器会在它的数据库里"记上一笔"：某机的名称是 A，IP 地址是 ×××.×××.×××.×××。

第四步，当 A 机正常关机时，重新广播它刚才注册的名字，同一网段上的计算机收到信息后，就把这个名字在网上邻居里删除了。

8.1.2 网上邻居浏览列表

在微软网络中，用户可以在网上邻居浏览列表里看到整个网络上所有的计算机。当你通过网上邻居窗口打开整个网络时，你将看到一个工作组列表，再打开某个工作组，你将看到里面的计算机列表。工作组从本质上说就是共享一个浏览列表的一组计算机，所有工作组之间都是对等的。浏览列表是通过广播查询浏览主控服务器，由浏览主控服务器提供的。浏览主控服务器是工作组中的一台最重要的计算机，它负责维护本工作组中的浏览列表及指定其他工作组的主控服务器列表，为本工作组的其他计算机和其他来访本工作组的计算机提供浏览服务。每个工作组都会为每个传输协议选择一个浏览主控服务器，它的标识是含有 msbrowse 字段。

8.1.3 网络浏览过程

当一台 pc 机进入网络时，如果它启用了文件及打印机共享，就会向网络广播宣告自己的存在，而浏览主控服务器会接收到这个宣告并将它放入自己维护的浏览列表中；而没有在相应协议上绑定文件及打印机共享的计算机则不会宣告，因而也就不会出现在网上邻居里。当客户计算机想获得需要的浏览列表时，首先通过广播发出浏览请求，浏览主控服务器收到请求后，会根据请求内容进行下一步操作：如果请求的是本组的浏览列表，则直接将客户所需的浏览列表发回；如果请求的是其他工作组的浏览列表，则会根据本身浏览列表中的记录找到相应工作组的主控浏览器并发回客户，客户可从那里得到自己想要的浏览列表。

8.1.4 网上邻居互访的基本条件

实现 Windows 网上邻居互访的基本条件有四个：

第一，双方计算机实现网络互联，并设置不同的计算机名，正确设置计算机的 IP

地址、子网掩码，并且在一个网段中。

　　第二，双方的计算机都关闭了防火墙，或者在防火墙策略中没有阻止"网上邻居"互相访问的策略。

　　第三，访问和被访问双方的计算机都处于打开的状态，并且设置了网络共享资源。

　　第四，访问和被访问双方的计算机均添加了"Microsoft 网络文件和打印共享"服务。

8.2　网上邻居查看共享文件夹实验

　　实验内容：准备一台 WIN2K22、一台 WIN7-1 和一台 WIN7-2，记得把三者的防火墙全部关闭，首先让三者在网上邻居界面能看到彼此，然后新建一个共享文件夹，使之能够被网上邻居访问到。

　　实验过程：先在 WIN2K22 上给管理员账户设置一个密码，并新建一个文件夹，再把这个文件夹共享，如图 8-1 所示。

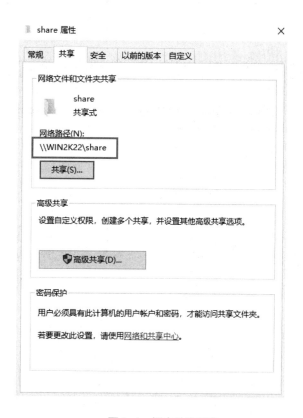

图 8-1　把文件夹共享

开启 WIN7-1 和 WIN7-2，在一段时间后，在"网络"里便可以看到现在网络上的邻居，如图 8-2 所示。

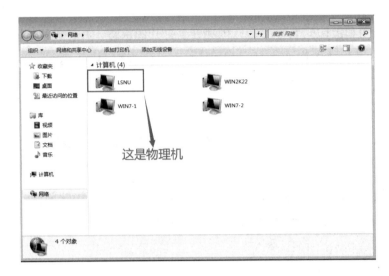

图 8-2　网上邻居展示

在 WIN7-2 中，在"运行"对话框里输入如图 8-3 所示的路径，若出现图 8-4 的界面，则说明 WIN7-2 已经在网络上找到了 WIN2K22。

图 8-3　在运行中输入的路径

图 8-4　找到 WIN2K22 出现的对话框

在 8-4 中，输入 WIN2K22 上的管理员的账户和密码，点击"确定"，即可访问刚才 WIN2K22 共享的文件夹的内容，如图 8-5 所示。

图 8-5　共享文件夹中的内容

8.3　WINS 服务器简介

WINS 是 Windows Internet Name Service 的简称，即 Windows 网络名称服务。它提供一个分布式数据库，能够在路由网络的环境中动态地对 IP 地址和 NetBIOS 名的映射进行注册与查询。WINS 用来登记 NetBIOS 计算机名，并在需要时将它解析成为 IP

地址。WINS 数据库是动态更新的。

WINS 的工作原理如图 8-6 所示。

图 8-6　WINS 的工作原理

说明：WINS 服务器的客户端，会把自己的名字主动告诉 WINS 服务器，改名字（名字释放）后也会主动告诉 WINS 服务器，租约到期（名称更新）后也会主动告诉 WINS 服务器。

在客户端正常关机的过程中，WINS 客户端向 WINS 服务器发送一个名字释放的请求，以请求释放其映射在 WINS 服务器数据库中的 IP 地址和 NetBIOS 名字，收到释放请求后，WINS 服务器验证一下它的数据库中是否有该 IP 地址和 NetBIOS 名字，如果有就可以正常释放了，否则就会出现错误（WINS 服务器向 WINS 客户端发送一个负响应）。

如果计算机没有正常关闭，WINS 服务器就不知道其名字已经释放了，则该名字将不会失效，直到 WINS 名字注册记录过期。

NetBIOS 名称解析的过程如图 8-7 所示。

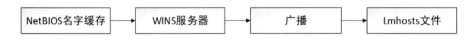

图 8-7　NetBIOS 名称解析的过程

NetBIOS 在名称解析的过程中先看缓存，缓存那里没有，就问 WINS 服务器，WINS 那里没有，就发广播，广播找不到，就看 Lmhosts 文件。但如果在 Lmhosts 内容里加一个 #PRE，则会先载入缓存。这与 DNS 中的 hosts 文件不一样，hosts 文件中只要有记录，就直接加到缓存里，而 Lmhosts 文件则还需要加上 #PRE。

8.4 WINS 服务器的配置

WINS 服务器配置的关键步骤如图 8-8 到图 8-10 所示。

首先，打开服务器管理器，按照图 8-8 所示进行点击。

图 8-8 点击"添加角色和功能"

一路保持默认，点击"下一步"，直到出现图 8-9 所示的界面。

图 8-9 选择服务器角色界面

在图 8-9 的界面中不进行任何勾选，因为微软公司一直在弱化 WINS 服务器，所以 WINS 服务器早已不是一个独立的服务器角色，它只是承担了服务器的功能。因此，只在图 8-10 的界面中进行相应的勾选。

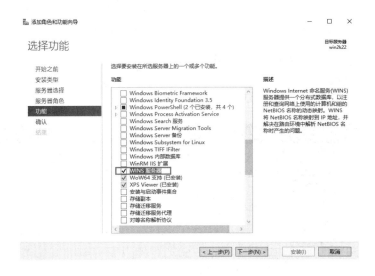

图 8-10　勾选 WINS 服务器功能

然后，保持默认选项，点击"下一步"，进行安装，一段时间后，便安装完成 WINS。

安装成功后，便可在 Windows 管理工具中看到"WINS"的选项，如图 8-11 所示。

图 8-11　Windows 管理工具中的 WINS

点击 WINS 选项，出现的界面如图 8-12 所示。

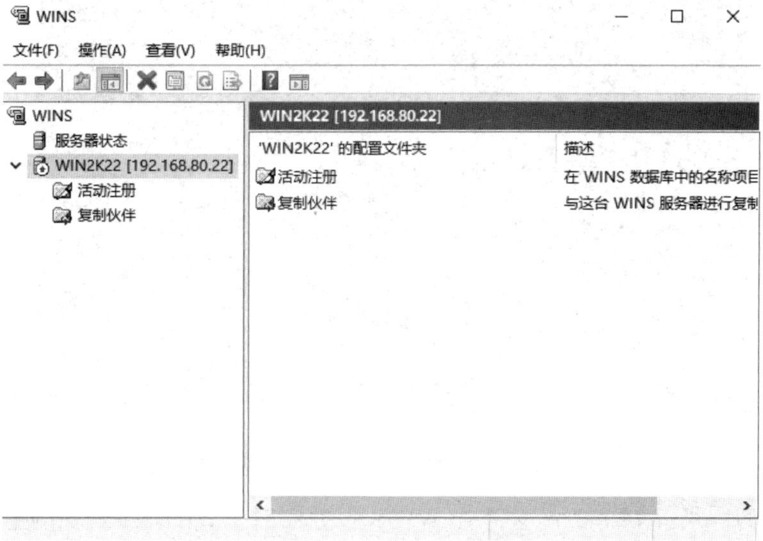

图 8-12　WINS 的界面

8.5　WINS 服务器应用小实验

8.5.1　实验一：WINS 服务器的基本应用

实验内容：

第一部分：先不在 WIN7-2 上添加 WINS 服务器，在 WIN7-2 上查看"通过名称服务器解析"的个数。

第二部分：在 WIN7-1 和 WIN7-2 上添加 WINS 服务器，并修改 WIN7-1 的计算机名，在 WINS 服务器上查看效果，并让 WIN7-2 Ping WIN7-1 的旧名字和新名字，查看效果。

第三部分：在 WINS 服务器上为某个客户端手动添加一个计算机名，查看效果。

第一部分实验内容的关键操作步骤如图 8-13 所示。

图 8-13   未添加 WINS 服务器的情况

可以看到，当 WIN7-2 没有添加 WINS 服务器时，WIN7-2 发现网上邻居没有采用"通过名称服务器解析"的方式。

第二部分实验内容的关键步骤如图 8-14 到图 8-16 所示。

首先，在 WIN7-1 和 WIN7-2 中都添加 WINS 服务器，如图 8-14 所示。

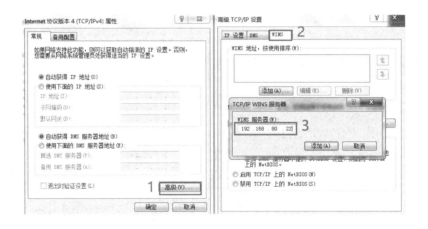

图 8-14   WIN7-1 和 WIN7-2 添加 WINS 服务器

然后，修改 WIN7-1 的计算机名，在 WIN7-2 的命令提示符中输入"nbtstat-r"的命令，即可看到"通过名称服务器解析"的数量变为 1，如图 8-15 所示。

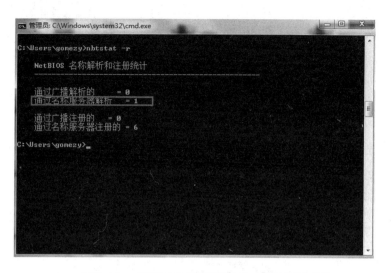

图 8-15　"通过名称服务器解析"的数量发生变化

而在 WIN2K22 的 WINS 中的显示如图 8-16 所示。

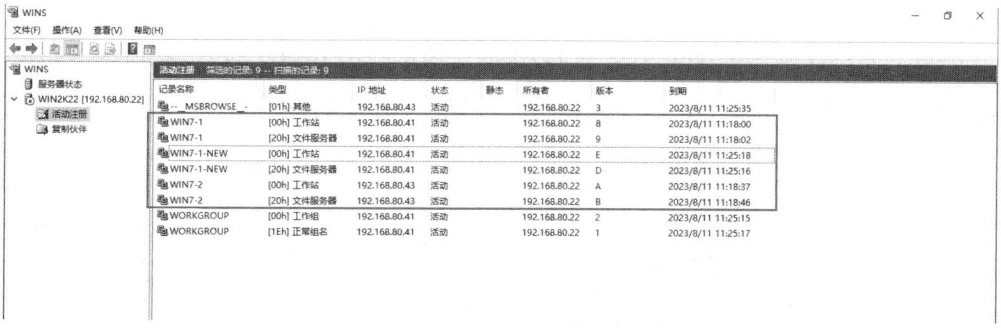

图 8-16　WINS 中的显示

第三部分实验内容的关键步骤如图 8-17 到图 8-19 所示。

在 WIN2K22 的 WINS 中，在图 8-16 所示界面的右边空白处，点击右键，在弹出的对话框中选择"新建静态映射（M）"，如图 8-17 所示。

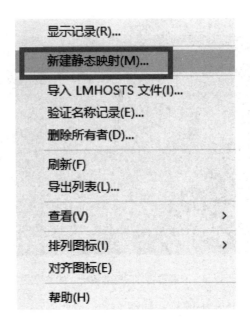

图 8-17　新建静态映射

在弹出的对话框中，随便输入与 IP 地址对应的计算机名（这个 IP 地址所对应的主机不存在，但是没关系，主要是看解析的过程），如图 8-18 所示。

图 8-18　随便输入与 IP 地址对应的计算机名

最后，在 WIN7-2 上 Ping 这个计算机名，出现的结果如图 8-19 所示。

图 8-19　Ping xixi 的结果

从图 8-19 中可以看到，Ping xixi 是 Ping 不通的，因为根本就不存在 192.168.80.100 这个 IP 地址所对应的主机，但是没有关系，此处只看解析的过程。

8.5.2　实验二：WINS 服务器的其他应用

实验内容：我们来看一下 WINS 服务器的企业级应用，如图 8-20 和图 8-21 所示。

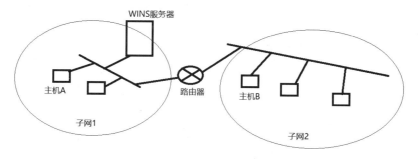

图 8-20　WINS 服务器企业级应用示意图 A

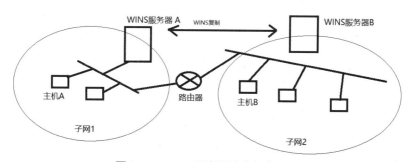

图 8-21　WINS 服务器企业级应用示意图 B

假如没有 WINS 服务器，主机 A 想要知道主机 B 的 IP 地址，就会发广播，但路由器有个很重要的特性——隔离广播，所以主机 A 是无论如何也解析不了主机 B 的。如果主机 A 和主机 B 想通信，则主机 A 和主机 B 都向 WINS 服务器提出注册（注册是单播而不是广播），这样就可以相互通信了。但有个问题，这样操作之后 WINS 服务器太"累"了，如图 8-20 所示。这个问题的解决方案就是一台 WINS 服务器管一个子网，然后 WINS 服务器之间互通有无，如图 8-21 所示。

课后作业

将 WIN2K22 配置成 WINS 服务器，WIN7-1 作为客户端，在 WIN7-1 上 Ping 同一个局域网中的 WIN7-2 的计算机名，查看相应的效果。

第九章　DHCP 服务器配置与管理

9.1　静态 IP 地址和动态 IP 地址

静态 IP 地址是一种固定的 IP 地址，在通常情况下，静态 IP 地址需要由网络管理员手动配置在计算机或设备上，并且由网络服务提供商（ISP）授权使用。与动态 IP 地址不同，静态 IP 地址是唯一且不变的，始终与该计算机或设备绑定。静态 IP 地址通常用于需要长期访问的服务，如网络服务器、摄像头、位置比较固定的计算机等。

动态 IP 地址指的是 ISP 为用户分配的 IP 地址是临时的，可以根据需要动态更改。当用户断开网络连接时，该 IP 地址被释放并返回 ISP 的地址池，等待下一个用户使用。当用户重新连接网络时，ISP 会重新分配一个新的 IP 地址给用户。动态 IP 地址通常由 ISP 自动分配，并且通常会在每次重新连接网络时更改，通常用于移动的计算机。

9.2　DHCP 服务器简介

DHCP 是由 IETF（Internet Engineering Task Force，互联网工程任务组）开发设计的，于 1993 年 10 月成为标准协议，其前身是 BOOTP 协议。当前的 DHCP 定义可以在 RFC 2131 中找到，而基于 IPv6 的建议标准（DHCPv6）可以在 RFC 3315 中找到。

DHCP 协议是一个局域网的网络协议，指的是由 DHCP 服务器控制一段 IP 地址范围，客户端计算机登录服务器时就可以自动获得服务器分配的 IP 地址和子网掩码。担任 DHCP 服务器的计算机需要安装 TCP/IP 协议，并为其设置静态 IP 地址、子网掩码、默认网关等内容。

关于 DHCP 服务器，有几个相关知识，以下分别进行叙述：

第一个，计算机请求 IP 地址的过程。

在网络中，客户端计算机发广播包，DHCP 服务器接收到广播包后，就发一个地址给该客户端计算机，客户端计算机收到地址后给 DHCP 服务器一个回应，表示就用它给的这个地址了。如果网络中有多个 DHCP 服务器，则以最先收到的为准。当收到确认消息后，DHCP 服务器再把子网掩码、网关、DNS 服务器地址等信息发给该客户端计算机。

如果客户端计算机发的广播包"没人理睬"，那么几次过后它就会产生一个以 169.254 开头的地址。这样做的好处在于：在一个局域网中，所有客户端计算机都没有获取到地址，都产生了 169.254 开头的地址，那么它们之间是可以相互通信的。

第二个，为什么会有租约的限制？

因为如果一台计算机一直不用，就相当于一直占着资源但不使用，这样就浪费了地址资源，所以需要有个租约。假如租约是 8 个小时，不会等到 8 个小时以后再续约，可能 4 小时的时候就会要求续约。假如过了 50% 的时间，DHCP 服务器又没有给它续约，那就等过了 75% 的时间再要求续约。如果此时仍没有续约成功，这台计算机就会发广播："谁能给我一个 IP 地址？"由此去找其他 DHCP 服务器。如果时间到了 100%，都没 DHCP 服务器跟它续约，那么就会自动产生一个 169.254 网段的地址。

第三个，刷新租约的命令是：ipconfig /renew。

9.3　DHCP 服务器的配置

将 WIN2K22 配置成 DHCP 服务器的关键步骤如图 9-1 到图 9-2 所示。

图 9-1　点击"添加角色和功能"

首先，打开服务器管理器，按照图 9-1 所示进行点击。

一路保持默认，点击"下一步"，直到出现如图 9-2 所示的界面，按照图中所示进行勾选。

图 9-2 选择 DHCP 服务器角色

之后，一路保持默认，点击"下一步"，最后，点击"安装"，一段时间后，DHCP 服务器安装成功。安装成功后，便可在 WIN2K22 的 Windows 管理工具中看到 DHCP 选项，如图 9-3 所示。

图 9-3 Windows 管理工具中的 DHCP 选项

点击 DHCP 选项，便可看到如图 9-4 所示的对话框。

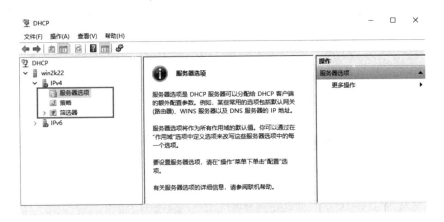

图 9-4　DHCP 管理工具

9.4　DHCP 服务器的属性

在图 9-4 中，在"服务器选项"中可以设置哪些信息，由 DHCP 服务器告诉客户端。读者对此不要有狭隘的想法，认为 DHCP 服务器分配给客户端的只有 IP 地址。其实，还有很多信息可以由 DHCP 服务器告诉客户端，包括网关、DNS 服务器信息等。图 9-5 中的对话框便是右键点击"服务器选项"，然后点击"配置选项"产生的，图中的"路由器"便指的是网关。

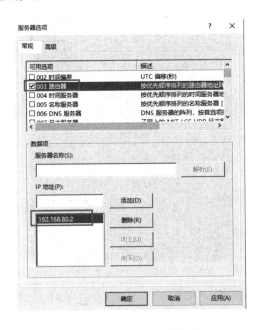

图 9-5　配置网关信息

图 9-4 中的"策略"选项是指，我们可以根据某些条件（如供应商类、用户类和 MAC 地址等）将可设置的内容（IP 地址和 DHCP 选项）分发给客户端计算机。

图 9-4 中的"筛选器"包括两项，分别是"允许"和"拒绝"。"允许"是指为此列表中的所有 MAC 地址提供 DHCP 服务，"拒绝"是指拒绝为此列表中的所有 MAC 地址提供 DHCP 服务。

9.5　DHCP 服务器应用小实验

本部分包含三个小实验，分别是设置多个静态 IP 地址、DHCP Client 服务的作用和 DHCP 分配地址。

9.5.1　实验一：设置多个静态 IP 地址

在图 9-6 中点击"高级（V）"选项，在弹出的对话框中就可以设置另外的 IP 地址了，如图 9-7 所示。

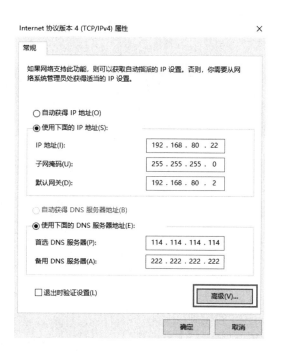

图 9-6　TCP/IP 属性界面

图 9-7　添加 IP 地址界面

之所以 WIN2K22 会支持设置多个静态 IP 地址的功能，是因为有这样的应用场景：假设这台计算机上有多个 Web 站点，那么就可以一个站点用一个 IP 地址。

9.5.2　实验二：DHCP Client 服务的作用

在 WIN7-1 中的 TCP/IP 属性界面如图 9-8 所示进行设置，选择"自动获得 IP 地址（O）"。

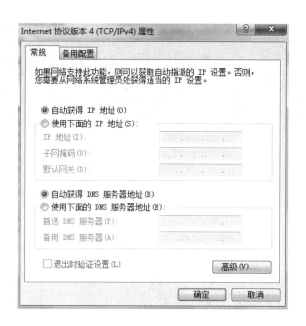

图 9-8　WIN7-1 中的 TCP/IP 属性的设置

在 WIN7-1 的命令提示符中输入"ipconfig",可以看到如图 9-9 所示的结果。

图 9-9　结果图

在图 9-9 中可以看到,当没有禁用 DHCP Client 服务之前,WIN7-1 是能够获取到 IP 地址的。

接着,在 WIN7-1 中,禁用 DHCP Client 服务,如图 9-10 所示。

图 9-10　禁用 DHCP Client 服务

此时，再在 WIN7-1 的命令提示符中输入"ipconfig"的命令，得到如图 9-11 所示的结果。

图 9-11　禁用 DHCP Client 服务后获取 IP 地址的情况

从图 9-11 中可以发现，当禁用 DHCP Client 服务后，WIN7-1 已经无法获取到 IP 地址了。

9.5.3　实验三：DHCP 分配地址

实验内容：将 WIN2K22 配置成一台 DHCP 服务器，然后用它给 WIN7-1 分配地址。

　　首先，将 WIN2K22 配置成一台 DHCP 服务器，在其 DHCP 管理器中如图 9-12
所示进行配置。

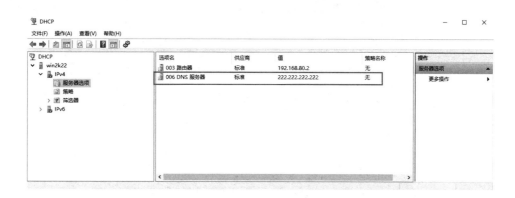

图 9-12　DHCP 管理器中的配置

　　从图 9-12 中可以看到，WIN2K22 分配给客户端的信息中除了 IP 地址外，还有网
关 192.168.80.2，以及 DNS 服务器地址 222.222.222.222。

　　然后，在图 9-12 中选中"IPv4"，点击右键，选择"新建作用域"，给作用域设置
一个名称"haha"，点击"下一步"，如图 9-13 所示。

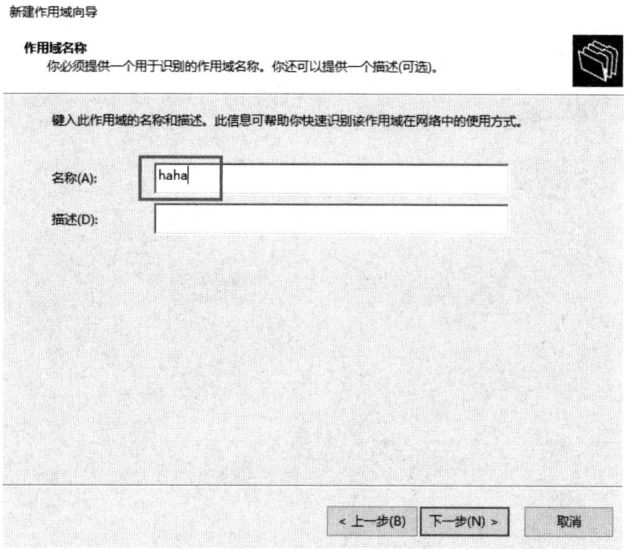

图 9-13　新建作用域的名称

设置好地址池的范围，如图 9-14 所示。

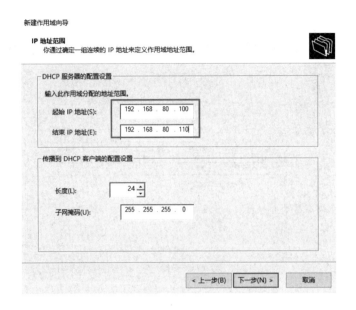

图 9-14   设置好地址池的范围

在图 9-15 中，在教学使用时可以不写入任何信息，点击"下一步"；在实际工作中可能会根据情况填写信息。

图 9-15   添加排除和延迟

设置 DHCP 地址的租用期限为 10 分钟，如图 9-16 所示。

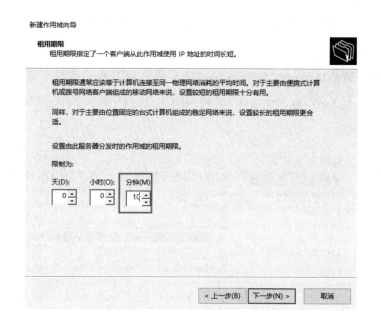

图 9-16　设置租用期限为 10 分钟

　　之后的选项一路保持默认，点击"下一步"，即可完成作用域的配置，配置完成界面如图 9-17 所示。

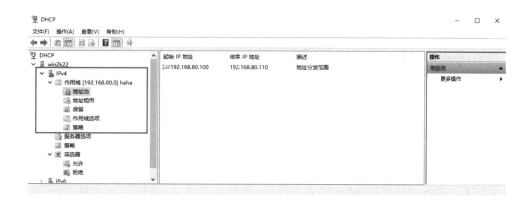

图 9-17　作用域配置完成界面

　　在图 9-17 中，"地址池"选项指的是该作用域的地址范围；"地址租用"选项指的是目前接入的客户端的信息；"保留"选项指的是为某台主机保留的 IP 地址；"作用域"选项指的是 DHCP 服务器告诉客户端的除了 IP 地址以外的其他信息；"策略"选项同前文讲到的策略选项类似。

　　说明："保留"地址和静态地址是有区别的。"保留"地址是主机通过"自动获得 IP 地址"获得的，一台主机在 A 建筑内和 B 建筑内都可以通过选择"自动获得 IP 地址"来获取相应的保留 IP 地址，但静态地址是一个固定的地址，主机在 A 建筑内和 B 建筑内的地址可以不一样。

为了避免 VMware Workstation 这个软件本身的 DHCP 功能对本实验产生干扰，所以，先把物理机的 VMware Workstation 和 DHCP 相关的服务禁用，如图 9-18 所示。

图 9-18　禁用物理机上的 VMware DHCP Service 服务

在 WIN7-1 的 TCP/IP 属性界面按照图 9-19 所示进行设置，选择"自动获得 IP 地址（C）"和"自动获得 DNS 服务器地址（B）"。

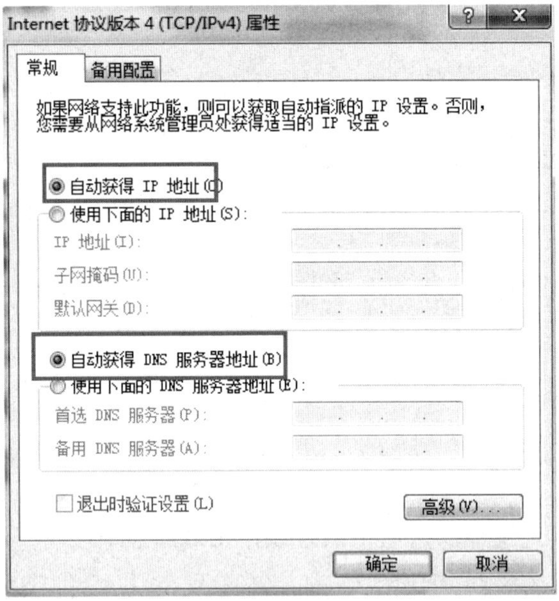

图 9-19　WIN7-1 的 TCP/IP 属性设置

最后，在 WIN7-1 的命令提示符中输入命令"ipconfig /all"，即可看到图 9-20 的结果。

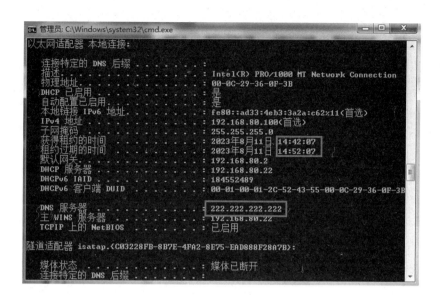

图 9-20　WIN7-1 自动获得 IP 地址的情况

从图 9-20 中可以看到，租用期限为 10 分钟，获得的 DNS 服务器地址是 222.222.222.222，这说明 WIN7-1 获得的 IP 地址等信息是 WIN2K22 分配给它的。

此时，在 WIN2K22 的 DHCP 管理器上可以看到"地址租用"信息栏有 WIN7-1 的信息，如图 9-21 所示。

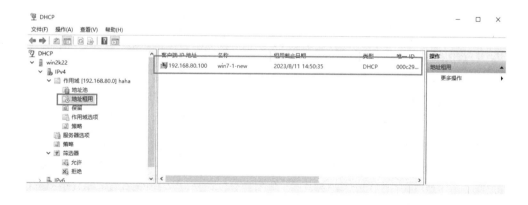

图 9-21　WIN2K22 的地址租用信息

课后作业

将 WIN2K22 配置成一台 DHCP 服务器，然后用它给 WIN7-1、WIN7-2 分配 IP 地址和 DNS 服务器的地址。

第十章　文件服务器配置与管理

10.1　文件服务器简介

　　一些单位会用硬盘内存比较大的服务器作为文件服务器，员工可以把常用的工作软件等放到文件服务器上。这就需要该服务器共享一个文件夹，然后网络中的用户可以进行上传和下载。

　　只要能够共享的计算机都能用作文件服务器，所以理论上 WIN7 是可以做文件服务器的。但是 WIN7 在默认情况下只支持 10 个用户并发处理，所以还是用 server 类系统比较好。

　　能够创建共享文件夹的用户只能是管理员，访问共享文件夹用的是 TCP 的 445端口。

10.2　共享文件夹应用小实验

10.2.1　实验一：共享文件夹的不同用户的不同权限

　　用管理员新建一个共享文件夹 share，创建 zhang、wang 两个用户，zhang 的权限为读取，wang 的权限为读取 / 写入，观察其不同效果。

　　先创建 zhang、wang 两个用户，设置其权限分别为读取、读取 / 写入，如图 10-1所示。

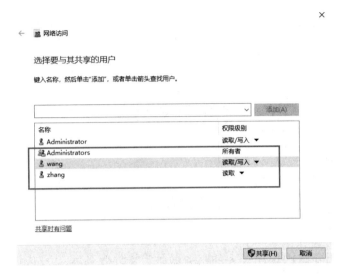

图 10-1 设置 zhang、wang 两个用户的访问权限

注销 WIN2K222，分别用 zhang、wang 两个用户登录系统，发现最终出现的结果如图 10-2 和图 10-3 所示。

图 10-2 zhang 用户的访问权限

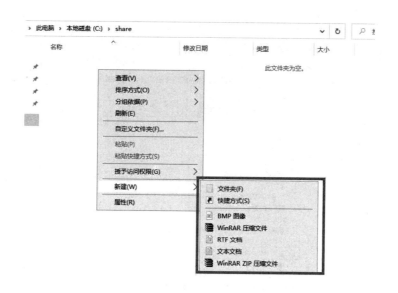

图 10-3 wang 用户的访问权限

在图 10-2 和图 10-3 中，可以看到，因为 wang 用户具有读取 / 写入权限，所以，wang 用户登录时，可以新建文件夹、文件等，但是 zhang 用户只有读取权限，所以，其新建需要管理员的授权。

说明：在 WIN2K22 中，只有管理员才能共享文件夹，且在图 10-1 中可以看到，当创建了一个共享文件夹后，所有管理员组的用户都是"所有者"。"所有者"权限比"读取 / 写入"权限大，"所有者"除了能对文件夹进行读取和写入外，还能指定其他用户对该文件夹的操作权限。

在上述实验中，我们用管理员账户创建了 share 共享文件夹，当我们用另一个管理员账户 li 登录系统时，会发现 li 用户依然可以指定其他用户的共享权限。

10.2.2 实验二：共享向导的使用

关于共享向导，可以见图 10-4 所示的界面。

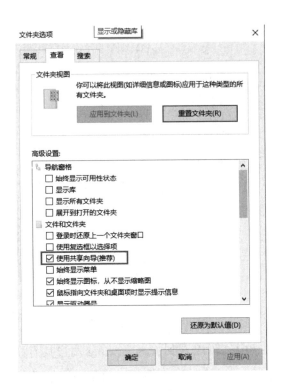

图 10-4　关于共享向导界面

在图 10-4 中，"使用共享向导（推荐）"这个选项是默认选中的。如果这个选项被勾选，系统会自动修改 NTFS 权限来满足共享权限；如果去掉勾选，则需要单独设置 NTFS 权限和共享权限，如果设置的两种权限有矛盾，则会达不到想要的效果。

10.2.3　实验三：创建隐藏共享

实验内容：共享名后加一个"$"符号，就是隐藏共享，可以指定特定的用户访问。要访问隐藏共享，必须知道共享名，而且后面要加一个"$"符号。

实验的关键步骤如图 10-5 到图 10-9 所示。

先新建一个叫"haha"的文件夹，然后在共享这个文件夹的过程中选择"高级共享（D）"，如图 10-5 所示。

图 10-5　选择"高级共享（D）"

在文件夹的共享名后加上一个"$"符号，使之成为隐藏共享文件夹，如图 10-6
所示。

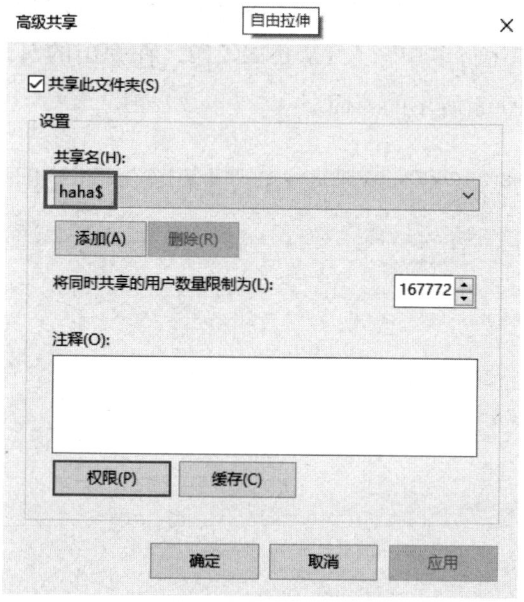

图 10-6　设置隐藏共享名

在图 10-6 中，可以点击"权限"，设置某个用户对该文件夹的操作权限，如图 10-7 所示。

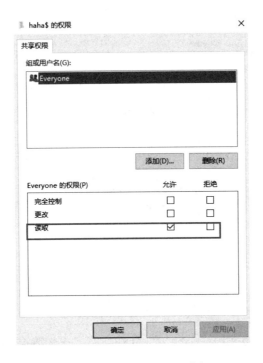

图 10-7　设置用户的操作权限

在图 10-7 中，我们设置所有用户对该文件夹的操作权限都为读取。

打开 WIN7，在"运行"中输入 \\WIN2K222，在弹出的对话框中输入相应的用户信息，可以看到如图 10-8 所示的界面。

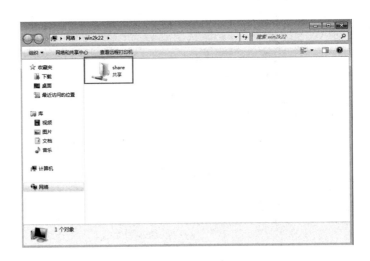

图 10-8　共享文件夹的情况

从图 10-8 中可以发现，只有一个共享文件夹 share，而没有之前我们共享的 haha 文件夹。其原因就在于，haha 文件夹是隐藏共享文件夹，不能直接看到。若想访问 haha，则需要在 WIN7 的运行框中输入 \\WIN2K22\haha$，即把完整的共享名写出来，这样输入后，得到的结果如图 10-9 所示。

图 10-9　输入完整共享名后的结果

从图 10-9 中可以看到，输入完整的共享名后，隐藏共享文件夹可以被访问。

10.2.4　实验四：创建多个共享名

在 WIN2K22 中，可以为一个共享文件夹创建多个共享名，如图 10-10 所示。

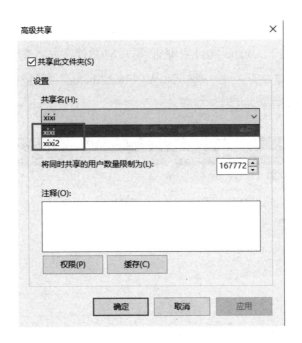

图 10-10　创建多个共享名

虽然一个文件夹可以创建多个共享名，但是只能一个名字一个名字地用，不支持同时用两个名字来访问一个共享文件夹。

10.2.5　实验五：查看默认共享

在默认情况下，客户端用管理员账户登录，是可以访问 C 盘、D 盘、E 盘等盘符的，因为这些盘符在默认情况下就是共享的，其效果如图 10-11 所示。

图 10-11　访问 C 盘默认共享

从图 10-11 中可以发现，默认共享这个设置其实是有很大的安全隐患的，因为他人只要获得了你的管理员账户信息，就可以远程访问你电脑中的很多资料了。

10.2.6　实验六：修改注册表停止默认共享

要想停止默认共享，最根本的方法便是修改注册表，其关键步骤如图 10-12 到 10-14 所示。

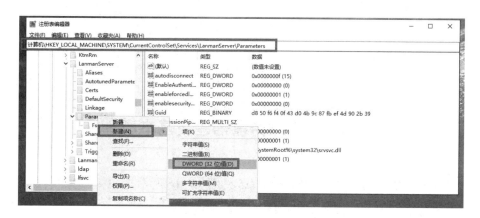

图 10-12　注册表的路径

新建的 DWORD 值的设置如图 10-13 所示。

图 10-13　DWORD 值的设置

重启 WIN2K22，重启之后，便可以发现 WIN7 无法再访问默认共享的 C 盘了，如图 10-14 所示。

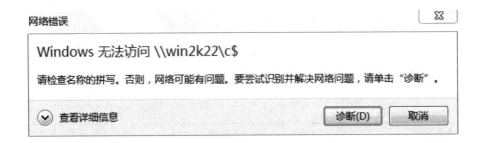

图 10-14　WIN7 无法再访问默认共享的 C 盘

10.3　文件服务器搭建及基本属性

文件服务器搭建的关键步骤如图 10-15 到图 10-16 所示。

打开服务器管理器，按照图 10-15 所示进行点击。

图 10-15　点击"添加角色和功能"

一路保持默认，点击"下一步"，直到图 10-16 所示的界面，勾选"文件服务器资源管理器"。

图 10-16　安装"文件服务器资源管理器"

　　然后，一路保持默认，点击"下一步"，最后，点击"安装"，一段时间后，便会安装成功。安装成功后，便可在 Windows 管理工具中看到多出来的"文件服务器资源管理器"选项，如图 10-17 所示。

图 10-17 Windows 管理工具中的"文件服务器资源管理器"选项

点击该选项，便可看到如图 10-18 所示的文件服务器资源管理器的操作界面。

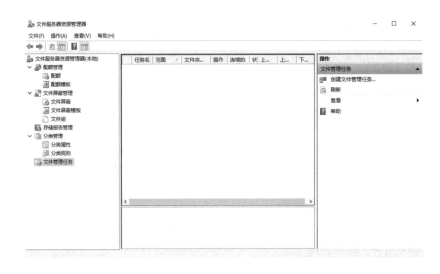

图 10-18 文件服务器资源管理器操作界面

在图 10-18 中，"配额管理"是对某个盘符或某个文件夹进行设置，对其允许放入的文件所占空间大小进行限制。系统自带一些配额模板可供直接使用，也可以自定义配额方式。配额分为硬配额和软配额，硬配额的意思是绝对不允许超过这个额度；软配额的意思是虽然允许超过这个额度，但在超过额度后，会给出警告信息，对于这些信息，可以设置通过电子邮件或记录日志等方式告知网络管理员。

"文件屏蔽"是对某个盘符或某个文件夹进行设置，对放入其中的文件类型进行屏蔽。系统也自带一些屏蔽模板可供直接使用，也可以自定义文件屏蔽方式。屏蔽分为主动屏蔽和被动屏蔽，主动屏蔽的意思是绝对不允许放入所屏蔽的文件类型；被动屏蔽的意思是虽然允许放入所屏蔽的文件类型，但会对其给出警告。对于一些关于文件屏蔽的敏感信息，可以设置通过电子邮件或记录日志等方式告知网络管理员。

"分类管理"是对某个盘符或者某个文件夹进行设置，对放入其中的文件进行分类处理。"分类管理"有现成的分类规则，也可以自己定义新的规则。

"文件管理任务"则是对配额、文件屏蔽和文件分类的综合，用户可以创建自己的文件管理任务，实现丰富多彩的文件管理工作。

课后作业

在 WIN2K22 上创建一个隐藏共享文件夹，然后让 WIN7-1 通过 URL 路径访问该隐藏共享文件夹。

第十一章 FTP 服务器配置与管理

11.1 FTP 服务器简介

FTP 服务器（File Transfer Protocol Server）是在互联网上提供文件存储和访问服务的计算机，它们依照 FTP 协议提供服务。

FTP 服务器是用来在两台计算机之间传输文件的，是 Internet 中应用非常广泛的服务之一。它可以根据实际需要设置各用户的使用权限，同时还具有跨平台的特性，即在 UNIX、Linux 和 Windows 等操作系统中都可以安装 FTP 服务器，相互之间可跨平台进行文件传输。因此，FTP 服务是网络中经常采用的资源共享方式之一。

FTP 协议是文件传输协议（File Transfer Protocol）的简称，顾名思义，就是专门用来传输文件的协议。简单地说，支持 FTP 协议的服务器就是 FTP 服务器。

FTP 协议有 PORT 和 PASV 两种工作模式，即主动模式和被动模式。FTP 协议是一种基于 TCP 的协议，采用客户 / 服务器模式。通过 FTP 协议，用户可以在 FTP 服务器中进行文件的上传或下载等操作。虽然现在通过 HTTP 协议下载的站点有很多，但是由于 FTP 协议可以很好地控制用户数量和宽带的分配，能够快速方便地上传和下载文件，因此 FTP 服务器已成为网络中文件上传和下载的首选服务器。同时，它也是一个应用程序，用户可以通过它把自己的计算机与世界各地所有运行 FTP 协议的服务器相连，访问服务器上的大量程序和信息。FTP 服务器的功能是实现完整文件的异地传输，其特点如下：

第一，FTP 服务器使用两个平行连接，即控制连接和数据连接。控制连接在两个主机间传送控制命令，如用户身份、口令、改变目录命令等。数据连接只用于传送数据。

第二，在一个会话期间，FTP 服务器必须维持用户状态，也就是说，和某一个用户的控制连接不能断开。另外，当用户在目录树中活动时，服务器必须追踪用户当前的目录，这样，FTP 服务器就限制了并发用户数量。

第三，FTP 服务器支持文件沿任意方向传输。当用户与一个远程计算机建立连接后，用户可以获得一个远程文件，也可以将一份本地文件传输至远程计算机。

11.2 搭建 FTP 服务器

将 WIN2K22 配置成一台 FTP 服务器的关键步骤如图 11-1 到图 11-3 所示。

打开服务器管理器，按照图 11-1 所示进行点击。

图 11-1 点击"添加角色和功能"

一路保持默认，点击"下一步"，直到图 11-2 所示的界面，然后，按照图 11-2 勾选"Web 服务器（IIS）"。

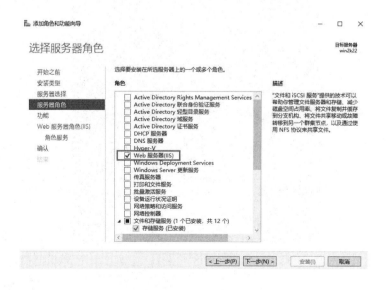

图 11-2 勾选"Web 服务器（IIS）"

一路保持默认，点击"下一步"，直到图 11-3 所示的界面，按照图 11-3 勾选"FTP 服务器"。

图 11-3　勾选"FTP 服务器"

点击"下一步"，就可以进行安装了，一段时间后，便会安装完成。安装成功后，便可在 Windows 管理工具中看到多出了 IIS 这个选项，如图 11-4 所示。

图 11-4　Windows 管理工具中的 IIS 选项

至此，WIN2K22 已完成 FTP 服务器的环境搭建。

11.3　FTP 服务器应用小实验

11.3.1　实验一：FTP 服务器基本应用

实验内容：简单演示将 WIN2K22 配置成 FTP 服务器的过程，然后将 WIN7 作为客户端，在 WIN7 上将一个文件上传到 FTP 服务器上。

这个实验的关键步骤如图 11-5 到图 11-10 所示。

先点击 Windows 管理工具中的 IIS 选项，打开如图 11-5 所示界面。

图 11-5　IIS 主页面

在图 11-5 中，勾选红框中所示位置，点击右键，在弹出的对话框中选择"添加 FTP 站点"，如图 11-6 所示。

图 11-6　勾选"添加 FTP 站点"

在弹出的对话框中输入 FTP 站点的名称，选择 FTP 的物理路径。在选择 FTP 的物理路径之前，需要先在系统里新建相应的文件夹。写好这些信息后，点击"下一步"，如图 11-7 所示。

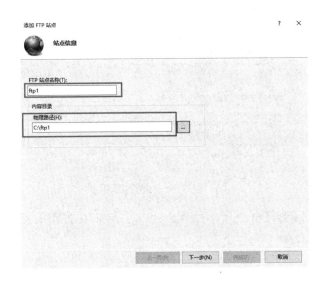

图 11-7　写好站点信息

在弹出的对话框中，写入 WIN2K22 的 IP 地址。端口号可保持默认的 21 端口，也可以更改，但若更改了端口号，在客户端的资源管理的地址栏输入 URL 路径时，就需要把更改后的端口号也写上，不能省略端口号。关于 SSL 选项的选择，如果只是为了教学，可以选择"无 SSL（L）"这个选项，之后点击"下一步"，如图 11-8 所示。

图 11-8　输入 IP 地址

在弹出的对话框中，"身份验证"选择"匿名（A）"，因为这个实验的目的主要是简单地观察 FTP 服务器的使用情况，使用匿名用户即可。并且，要授权"所有用户"能够访问，这样匿名用户才能访问该 FTP 服务器，如图 11-9 所示。

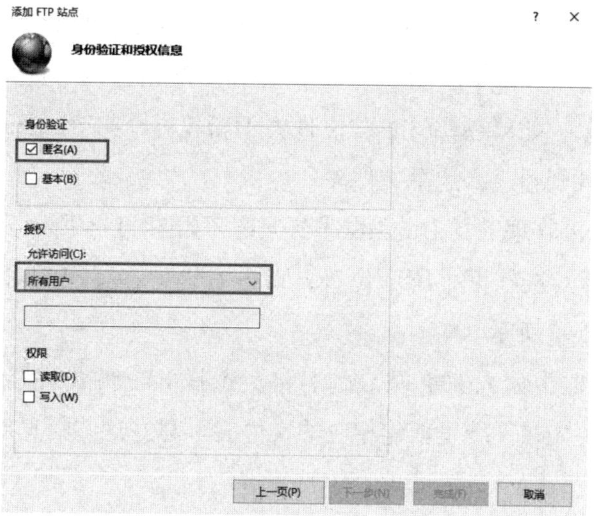

图 11-9　"身份验证"选择"匿名（A）"

点击"完成"，便完成了 FTP 站点的搭建。

此时，打开 WIN7-1，在 WIN7-1 的资源管理器的地址栏里输入 ftp://192.168.80.22，便可访问刚才搭建的 FTP 站点。当然，在连接之前，最好把 WIN2K22 的防火墙全部关闭，以免造成一些不必要的干扰。连接成功后，可在

WIN7-1 中上传一个文件到该 FTP 服务器上，如图 11-10 所示。

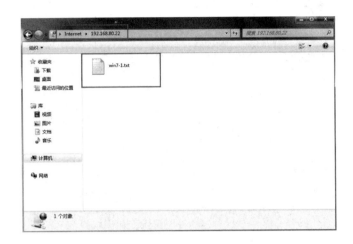

图 11-10　上传文件到 FTP 服务器上

11.3.2　实验二：创建 FTP 用户隔离

实验内容：在 FTP 服务器上的 FTP 文件夹下新建一个叫 "localuser" 的文件夹（必须叫这个名字），然后在此文件夹下新建一个叫 "zhang" 的文件夹和一个叫 "wang" 文件夹，新建 zhang、wang 两个用户，分别在客户端用这两个用户登录 FTP 服务器，上传文件，查看效果。如果在 localuser 文件夹下新建一个叫 "public" 的文件夹，那么其他用户上传的文件则会进入这个文件夹。

先点击 Windows 管理工具中的 IIS 选项，打开如图 11-5 所示界面。

在图 11-5 中，勾选红框中所示位置，点击右键，在弹出的对话框中选择 "添加 FTP 站点"，如图 11-6 所示。

在弹出的对话框中输入 FTP 站点的名称，选择 FTP 的物理路径。在选择 FTP 的物理路径之前，需要先在系统里新建相应的文件夹。写好这些信息后，点击 "下一步"，如图 11-11 所示。

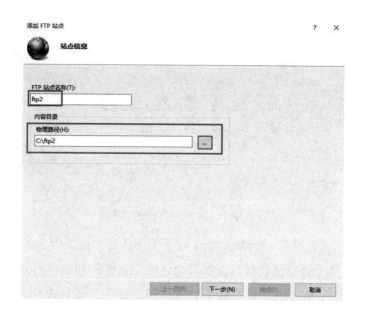

图 11-11　输入 FTP 站点信息

之后，在弹出的对话框中勾选，如图 11-8 所示，点击"下一步"，在弹出的对话框中按照图 11-12 所示进行设置。

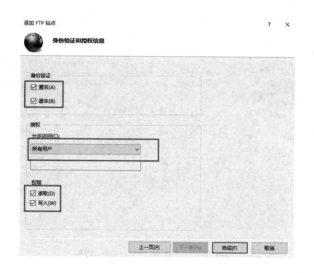

图 11-12　"身份验证"和"授权"信息的填写

点击"完成"后，出现如图 11-13 所示界面。

图 11-13　点击完成后的界面

从图 11-13 中可以看到，新站点 ftp2 处于关闭状态，这是因为站点 ftp1 和 ftp2 所用的 IP 地址和端口号是一模一样的，如果允许两个这样的站点同时处于运行状态，那么，在客户端处输入 ftp://IP 地址，会不知道选择的到底是哪个站点。因此，在这种情况下，要想让站点 ftp2 运行起来，必须先令站点 ftp1 停止运行。

将站点 ftp2 启动起来后，在 WIN2K22 的 C 盘的 ftp2 文件夹下，创建一个叫"localuser"的子文件夹，在 localuser 子文件夹下，又分别创建 zhang、wang 和 public 三个文件夹。然后，在 WIN2K22 中创建 zhang、wang 两个用户。

之后，在站点 ftp2 上选择"FTP 用户隔离"，如图 11-14 所示。

图 11-14　选择"FTP 用户隔离"

在新页面中按照图 11-15 所示进行勾选，选好后，点击右侧的"应用"。

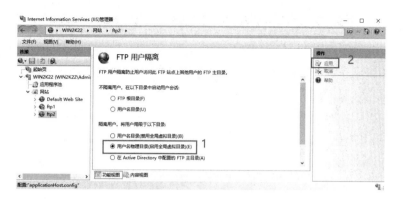

图 11-15　选择用户隔离选项

在 WIN7-1 中，分别用 zhang、wang、匿名用户三个用户登录 FTP 服务器，分别上传三个名为 zhang.txt、wang.txt、ni-ming.txt 的文本文件到 FTP 服务器上，上传结果分别如图 11-16 到 11-18 所示。

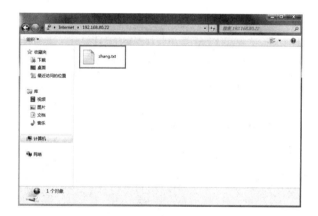

图 11-16　zhang 用户上传 zhang.txt 文件

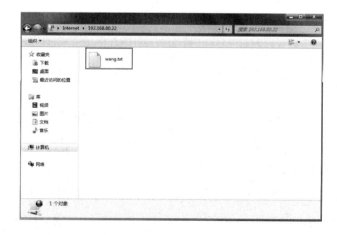

图 11-17　wang 用户上传 wang.txt 文件

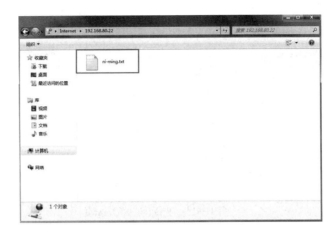

图 11-18　匿名用户上传 ni-ming.txt 文件

从图 11-16 到图 11-18 中可以看出，不同用户登录 FTP 服务器时看到的内容是不同的，并且，它们上传文件的位置也是不同的，如图 11-19 所示。

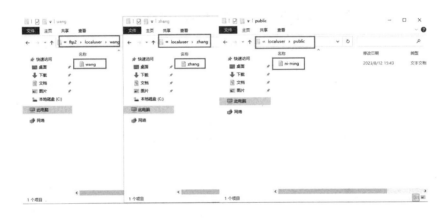

图 11-19　三个不同用户上传的文件到了不同的位置

以上，就是 FTP 用户隔离的实验结果。

11.3.3　实验三：NTFS 权限和 FTP 的结合使用

实验内容：在 WIN2K22 上创建一个用户"zhao"，使得客户端 WIN7 用 zhao 的信息登录 FTP 服务器时，只允许上传文件夹，或者在上传的文件夹中上传文件，但不允许在 FTP 根目录中上传文件。

先按照本书第五章"NTFS 文件系统"中的做法，设置用户 zhao 对 FTP 根目录文件夹的 NTFS 权限为读权限和创建文件夹权限，并且这种权限只应用于 FTP 根目录文件夹本身，如图 11-20 和图 11-21 所示。

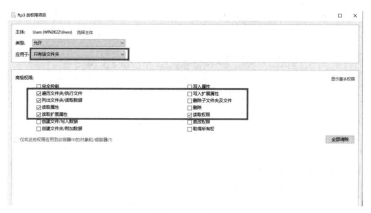

图 11-20　读权限

图 11-21　创建文件夹权限

然后，新建一个 FTP 站点——ftp3，并设置根目录为图 11-20 和图 11-21 中的文件夹。之后，在 WIN7 中用 zhao 登录 FTP 服务器，便能实现相应的效果，即只能在 FTP 根目录中上传文件夹，不能上传文件，但能够在上传的文件夹中上传文件。

说明：之所以会有这种效果，是因为由于 NTFS 权限的设置，对于 FTP 根目录本身，zhao 用户只有上传文件夹（也就是创建文件夹）的权限，在根目录这个文件夹中，其没有上传文件的权限。而 zhao 用户上传的文件夹的创建者是其自身，所以 zhao 用户对这个上传的文件夹具有完全控制权限，故能在其上传的文件夹中上传文件。这就是 NTFS 权限和 FTP 结合的一个典型应用。

11.4 FTP 服务器的基本属性

一、虚拟目录

FTP 站点中的数据一般被保存在主目录中，然而主目录所在的磁盘空间毕竟有限，也许不能满足日益增加的数据存储要求。重新创建 FTP 站点，并将主目录设置在另一个存储空间相对较大的磁盘分区中固然可行，但这种方法要求用户记住两个甚至更多的 FTP 站点地址，会给用户的访问带来不便。其实，创建 FTP 站点虚拟目录可以很好地解决这个问题。

FTP 虚拟目录可以作为 FTP 站点主目录下的子目录来使用，尽管这些虚拟目录并不是真正意义上的主目录下的子目录。究其本质，虚拟目录是在 FTP 站点的根目录下创建的一个子目录，然后将这个子目录指向本地磁盘中的任意目录或网络中的共享文件夹。

二、编辑网站绑定

FTP 站点编辑网站绑定部分的界面如图 11-22 所示。

图 11-22 "编辑网站绑定"界面

在一台 FTP 服务器中，是可以同时运行多个 FTP 站点的，但有个前提——这些站点之间在 URL 中必须有不一样的地方，可以是 IP 地址（一台主机可以拥有多个 IP 地址），可以是端口号（不是 21 端口的话，在客户端中输入 URL 时必须注明具体的端口

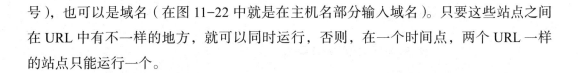

号），也可以是域名（在图 11-22 中就是在主机名部分输入域名）。只要这些站点之间在 URL 中有不一样的地方，就可以同时运行，否则，在一个时间点，两个 URL 一样的站点只能运行一个。

11.5　FTP 高级应用小实验

实验内容：在一个企业中，销售部和市场部在访问 FTP 服务器时，看到的都是自己部门的信息，但是，有时需要一个公共的区域，让双方都可以看到信息。

想要实现这个实验效果，可以采用 FTP 用户隔离和磁盘挂载结合的方法。在 WIN2K22 中，新建两个用户——sales 和 market，分别代表销售部和市场部。然后，在 FTP 服务器的根目录中创建一个名为"localuser"的文件夹，在这个文件夹下创建 sales 和 market 两个子文件夹，这部分内容和"11.3.2 实验二：创建 FTP 用户隔离"这一节的内容类似，读者可参考这一节的实验内容来自行实验。和 11.3.2 这一节不同的地方在于，我们还会分别在 sales 和 market 这两个文件夹下创建 sales_public 和 market_public 两个文件夹，而且这两个文件夹都挂载到同一块磁盘上，通过这种方式，使两个部门有公共数据。其挂载的关键步骤如图 11-23 和图 11-24 所示。

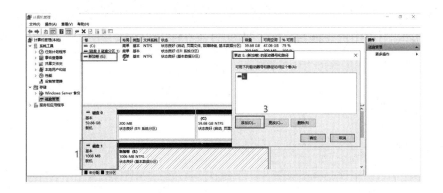

图 11-23　磁盘挂载的关键步骤

在图 11-23 中，磁盘 1 是新添加的一块磁盘，将其联机并初始化后，就选中 E 盘，点击右键，点击"更改 E:（新加卷）的驱动器号和路径"，在弹出的窗口中点击"添加（D）"，之后在弹出的对话框中选择 sales_public 文件夹的路径，如图 11-24 所示。

图 11-24   磁盘挂载 sales_public 文件夹

再用同样的方法挂载 market_public 文件夹。

至此，便能实现市场部和销售部既能看到自己部门独立的数据，又能看到两个部门公共的数据这样的功能要求了。

课后作业

将 WIN2K22 配置成一台 FTP 服务器，然后创建用户隔离 FTP 站点，分别使用 zhangsan 和 lisi 两个用户，往自己的 FTP 文件夹中上传文件。

第十二章　邮件服务器配置与管理

12.1　邮件服务概述

12.1.1　电子邮件的起源

电子邮件起源于 20 世纪 40 年代，是一种用电子手段提供信息交换的通信方式。

对于国际上第一封电子邮件，根据数据搜索，有两种说法：

第一种说法：据《互联网周刊》报道，世界上第一封电子邮件是 1969 年 10 月计算机科学家 Leonard K. 发给他的同事的一条简短消息，该消息只有两个字母 "LO"，意思是 "你好"，因此 Leonard K. 被称为电子邮件之父。

第二种说法：1971 年，美国国防部赞助的 APA 网络开发项目全面展开，一个非常尖锐的问题出现了：参加此项目的科学家们在不同的地方做着不同的工作，却不能很好地分享各自的研究成果。因为大家使用的是不同的计算机，每个人的工作对于他人来说都是独立的。他们迫切需要一种能够借助网络在不同的计算机之间传送数据的方法。为阿帕网工作的麻省理工学院博士 Ray Tomlinson 把一个可以在不同的计算机网络之间进行拷贝的软件和一个仅用于单机的通信软件进行功能合并，命名为 SNDMSG（即 Send Message，发送消息）。他使用这个软件在阿帕网上发送了第一封电子邮件。

12.1.2　POP3 服务

POP3 服务是一种检索电子邮件的电子邮件服务。管理员可以使用 POP3 服务存储和管理邮件服务器上的电子邮件账户。

在邮件服务器上安装 POP3 服务后，用户可以使用支持 POP3 协议的电子邮件客户端（如 Microsoft Outlook）连接到邮件服务器，并将电子邮件检索到本地计算机上。

POP3 服务与 SMTP 服务一起使用，后者用于发送电子邮件。

12.1.3　SMTP 服务

简单邮件传输协议（Simple Mail Transfer Protocol，SMTP）是 TCP/IP 协议族的成员，用于管理邮件传输代理之间进行的电子邮件交换，并作为电子邮件服务的一部分与 POP3 服务一起安装。SMTP 服务帮助每台计算机在发送或中转信件时找到下一个目的地，通过 SMTP 协议所指定的服务器，就可以把电子邮件发送到收信人的服务器上。

SMTP 服务安装在已安装了 POP3 服务的计算机上，从而允许用户发送（传出）电子邮件。使用 POP3 服务创建一个域时，该域也被添加到 SMTP 服务中，以允许该域的邮箱发送（传出）电子邮件。邮件服务器的 SMTP 服务接收（传入）邮件，并将电子邮件传送到邮件存储区。

12.1.4　电子邮件系统

电子邮件系统由三个组件组成：POP3 电子邮件客户端、SMTP 服务和 POP3 服务。SMTP 服务控制如何发送电子邮件，然后通过 Internet 将其发送到目标服务器。SMTP 服务在服务器之间发送和接收电子邮件，而 POP3 服务将电子邮件从邮件服务器上检索到用户的计算机上。电子邮件系统组件描述如表 12-1 所示。

表 12-1　电子邮件系统组件描述表

组件	描述
POP3 电子邮件客户端	POP3 电子邮件客户端是用于读取、撰写以及管理电子邮件的软件。 POP3 电子邮件客户端从邮件服务器上检索电子邮件，并将其传送到用户的本地计算机上，然后由用户进行管理。例如，Microsoft Outlook Express 就是一种支持 POP3 协议的电子邮件客户端。
SMTP 服务	SMTP 服务是使用 SMTP 协议将电子邮件从发件人传送到收件人的电子邮件传输系统。 POP3 服务以 SMTP 服务作为电子邮件传输系统。用户在 POP3 电子邮件客户端撰写电子邮件。当用户通过 Internet 或网络来连接到邮件服务器时，SMTP 服务将提取电子邮件，并通过 Internet 或网络连接将其传送到收件人的邮件服务器上。

续　表

组件	描述
POP3 服务	POP3 服务是使用 POP3 协议将电子邮件从邮件服务器下载到用户本地计算机上的电子邮件检索系统。 用户的 POP3 电子邮件客户端和存储电子邮件的服务器之间的连接，是由 POP3 协议控制的。

12.1.5　电子邮件系统的工作原理

下面以图 12-1 所示的案例为背景，仔细说明电子邮件系统的工作原理。

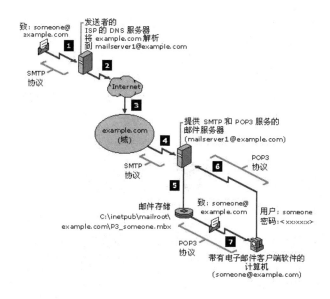

图 12-1　电子邮件系统工作原理图

电子邮件系统的工作原理如下：

步骤 1：将电子邮件发送到 someone@example.com 上。

步骤 2：SMTP 服务提取该电子邮件，并将其发送到 Internet 上。

步骤 3：将电子邮件域（即 example.com）解析成 Internet 上的邮件服务器（即 mailserver1@example.com）。mailserver1@example.com 是运行 POP3 服务的邮件服务器，该服务器为电子邮件域 example.com 接收电子邮件。

步骤 4：someone@example.com 的电子邮件由 mailserver1@example.com 接收。

步骤 5：mailserver1@example.com 将电子邮件转到邮件存储目录，该目录用于存储 someone@example.com 的电子邮件。

步骤 6：将用户"someone"连接到运行 POP3 服务的邮件服务器上来检查电子邮件。POP3 协议传输用户"someone"的用户账户和密码的身份证凭据。POP3 服务验证这些凭据，然后决定接受或拒绝该连接。

步骤 7：如果连接成功，用户"someone"所有的电子邮件（存储在邮件存储区）将从邮件服务器下载到该用户的本地计算机上。通常下载完毕后，邮件会从邮件存储区删除。

12.2　邮件服务器应用小实验

实验内容：某公司目前通过员工个人邮箱同客户沟通。由于该公司员工岗位变动频繁，客户经常抱怨邮件地址更换导致信息交互不便。

公司希望架设私有邮件服务系统，统一邮件服务地址，实现岗位与企业邮件系统对接，这样人事变动就不会影响客户与公司的邮件沟通。公司邮件系统拓扑结构如图 12-2 所示。

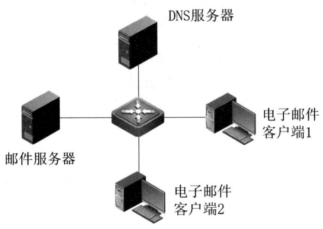

图 12-2　实验拓扑结构图

实验分析：

要使用电子邮件服务，需要在服务器上安装邮件服务器。目前被广泛应用的邮件服务器产品有 WinWebMail、Microsoft Exchange、Microsoft POP3 和 SMTP 等，同时由于邮件服务器是基于域名的服务，因此邮件服务器还需要在 DNS 服务器上注册。

对于本实验，网络管理员可以通过在 WIN2K22 上安装 POP3 和 SMTP 角色和功能来实现邮件服务的部署，同时通过在 DNS 服务器上注册来实现邮件服务（DNS 服务器也由 WIN2K22 来充当）；也可以通过在 WIN2K22 上安装第三方邮件服务软件（如 WinWebMail）来实现邮件服务的部署，同时通过在 DNS 服务器上注册来实现邮件服务。

本实验选择通过在 WIN2K22 上安装 POP3 和 SMTP 角色和功能来实现邮件服务的部署，同时通过在 DNS 服务器上注册来实现邮件服务。具体步骤如下：

第一步，安装 POP3、SMTP 的角色和功能。

第二步，配置邮件服务器，并创建用户。

第三步，为邮件服务器注册 DNS。

第四步，用不同用户在客户端测试邮件收发。

具体的关键步骤如图 12-3 到图 12-20 所示。

先打开服务器管理器，按照图 12-3 中红框所示进行点击。

图 12-3 点击"添加角色和功能"

一路保持默认，点击"下一步"，直到如图 12-4 所示界面，按照图 12-4 勾选"Web 服务器（IIS）"。

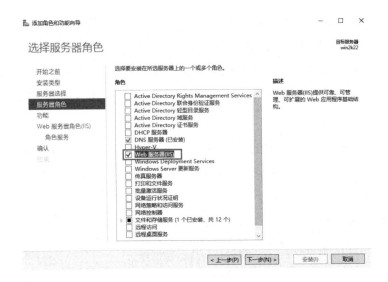

图 12-4　勾选"Web 服务器（IIS）"

选好后，点击"下一步"，然后，在弹出的对话框中按照图 12-5 勾选"SMTP 服务器"。

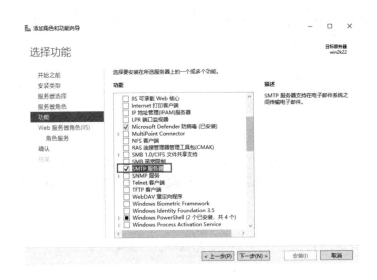

图 12-5　勾选"SMTP 服务器"

之后，一路保持默认，点击"下一步"，最后，点击"安装"，一段时间后便会安装完成。

安装完成后，便可在 Windwos 管理工具中看到多出来一个 IIS6.0 的选项，如图 12-6 所示。

图 12-6　Windwos 管理工具中多出 IIS6.0 的选项

点击该选项，则可看到如图 12-7 所示界面。

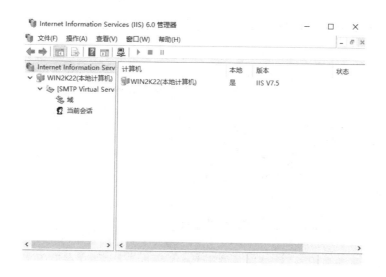

图 12-7　IIS6.0 的界面

在图 12-7 所示界面中，右键点击"SMTP Virtual Server #1"，在弹出的对话框中选择"属性（R）"，如图 12-8 所示。

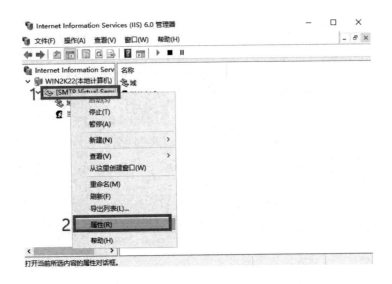

图 12-8 点击"SMTP Virtual Server #1"的"属性（R）"

在"SMTP Virtual Server #1"主窗口中，IP 地址选择 192.168.80.22，如图 12-9 所示，其他按照默认设置即可，再点击"确定"按钮保存设置。

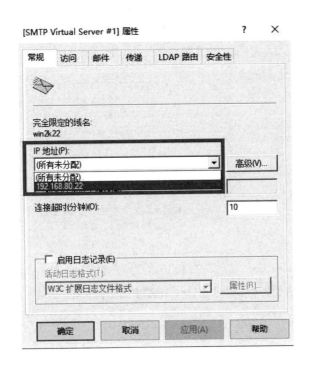

图 12-9 设置 IP 地址

在图 12-7 中，右键点击"域"，再点击"新建（N）"，点击"域…"，如图 12-10

所示。在"新建 SMTP 域向导"中，选择"别名"，点击"下一步"，"名称（M）"处输入 network.com，再点击"完成"按钮。

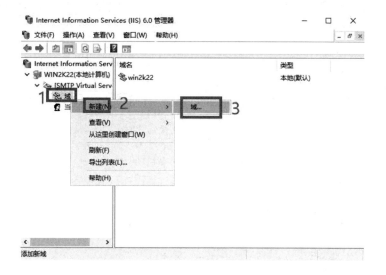

图 12-10   新建域操作

由于 WIN2K22 没有集成 POP3 服务，POP3 服务器需要到网上下载，下载地址为：https://visendo-smtp-extender-plus.en.softonic.com/，下载安装 Visendo SMTP Extender Plus。Visendo SMTP Extender Plus 安装比较简单，按默认安装即可。打开软件，如图 12-11 所示。

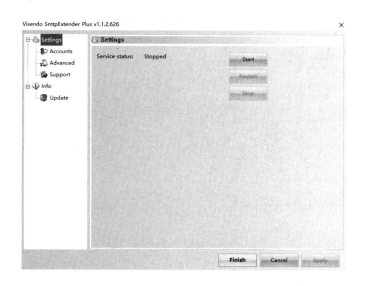

图 12-11   Visendo Smtp Extender Plus 页面

在图 12-11 中，单击"Accounts"，出现账号创建窗口，选择"Single account"，在"E-Mail address"处输入 user1@network.com，密码设置为 123，如图 12-12 所示，点击"完成"按钮完成账号创建。按照同样的方法，创建 user2@network.com，密码设置为 456。

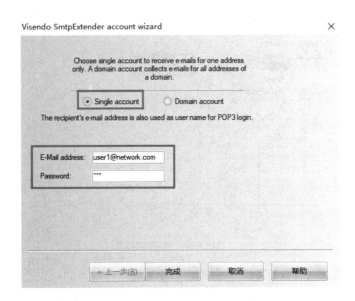

图 12-12　创建电子邮件账户

切换到"Settings"，点击"Start"，启动 POP3 服务，点击"Finish"，完成设置，如图 12-13 所示。

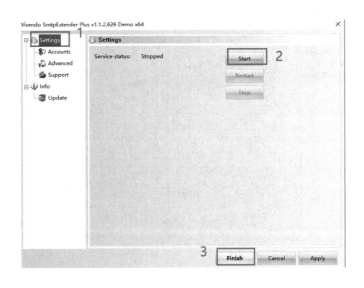

图 12-13　启动 POP3 服务

在"服务器管理器"主窗口中，点击"工具（T）"按钮，再点击"服务（本地）"，打开"服务（本地）"主窗口，找到"简单邮件传输协议（SMTP）"和"Visendo SMTP Extender Service"，查看它们的状态是否为"正在运行"，如图 12-14 所示。

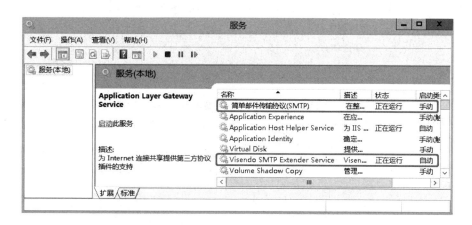

图 12-14　查看服务是否启动

之后，便是为邮件服务器注册 DNS。

在 WIN2K22 中的"DNS 管理器"下的"network.com"区域下点击右键，选择"新建主机（A 或 AAAA）（S）"，将"名称"设置为"mail"，将"IP 地址"设置为"192.168.80.22"，如图 12-15 所示。

图 12-15　添加主机

　　需要再添加一条邮件交换记录，在"network.com"区域下点击右键选择"新建邮件交换器（MX）（M）"，在"邮件服务器的完全限定的域名（FQDN）（F）"下浏览选择"mail.network.com"完成邮件交换记录的添加，如图 12-16 所示。

图 12-16　添加邮件交换记录

　　接下来，在客户端 WIN7-1 和 WIN7-2 中进行效果测试。

　　在 WIN7-1 中，打开提前安装好的 foxmail，在新建账户页面选择"手动设置"，如图 12-17 所示。

图 12-17　手动设置账号

在弹出的对话框中按照图 12-18 所示进行填写。

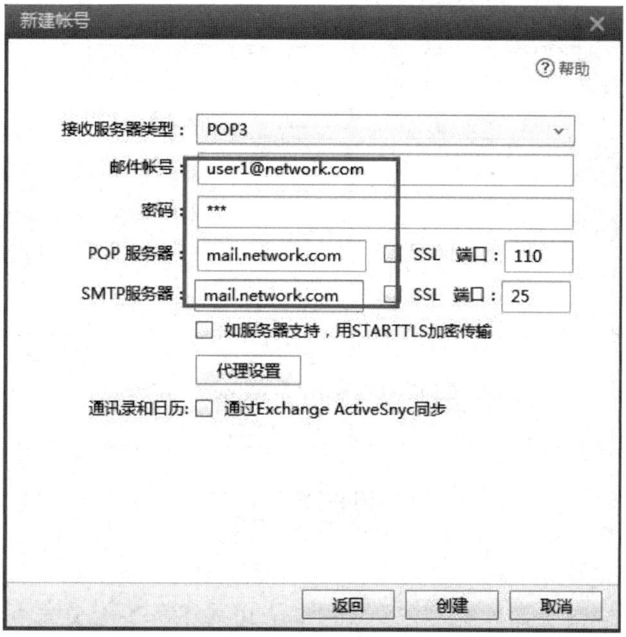

图 12-18　账号信息填写

点击"创建"，便成功创建了账号。按照同样的方法在 WIN7-2 上进行 user2@network.com 这个账号的创建。

经测试，user1 和 user2 之间能成功发送邮件，如图 12-19 和图 12-20 所示。

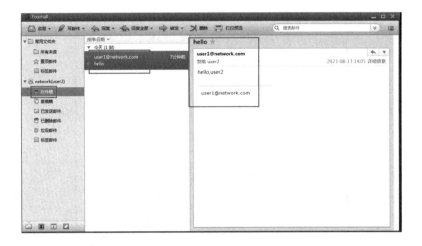

图 12-19　user1 发给 user2 的信息

图 12-20　user2 发给 user1 的信息

课后作业

把 WIN2K22 配置成邮件服务器，WIN7-1 和 WIN7-2 作为客户端，实现 WIN7-1 和 WIN7-2 互发电子邮件。

第十三章　Web 服务器配置与管理

13.1　Web 服务器简介

Web 服务器一般指网站服务器，是指驻留于互联网上某种类型计算机的程序，可以处理浏览器等 Web 客户端的请求并做出响应，可以放置网站文件让全世界浏览，也可以放置数据文件让全世界下载。当前较为主流的三个 Web 服务器是 Apache、Nginx、IIS。本书介绍的是 IIS。

13.2　Web 服务器安装

Web 服务器安装的关键步骤如图 13-1 和图 13-2 所示。

打开服务器管理器，按照图 13-1 中的红框点击"添加角色和功能"。

图 13-1　点击"添加角色和功能"

一路保持默认,点击"下一步",直到出现图 13-2 所示界面,并按照图中的红框勾选"Web 服务器(IIS)"。

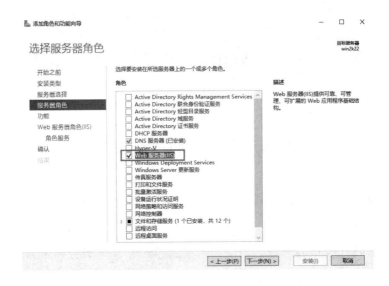

图 13-2　勾选"Web 服务器(IIS)"

因为此处只考虑静态网站,所以,后续的选项一路保持默认,点击"下一步"即可,最后,点击"安装",一段时间后,便会安装完成。安装完成后,便可在 Windows 管理工具中看到多出来一个 IIS 选项,如图 13-3 所示。

图 13-3　Windows 管理工具中多出的 IIS 选项

至此，Web 服务器安装完成。

13.3　Web 服务器应用小实验

13.3.1　实验一：通过域名访问网站

实验内容：新建一个简单网站，在 WIN2K22 上发布，并将 WIN2K22 配置成一台 DNS 服务器，让 WIN7-1 通过域名来访问这个网站。

先在一个文本文件中写一段简单的 HTML 代码，并把该文本文件另存为 HTML 文件，放入一个叫 web 的文件夹中，如图 13-4 所示。

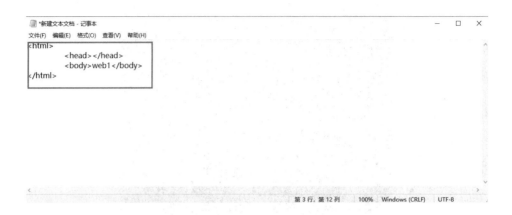

图 13-4　写简单的 HTML 代码

接下来，在 WIN2K22 上发布 web 这个网站。

点击 Windows 管理工具中的 IIS 选项，如图 13-5 所示。

图 13-5　点击 IIS

在弹出的对话框中，按照图 13-6 中的顺序进行点击。

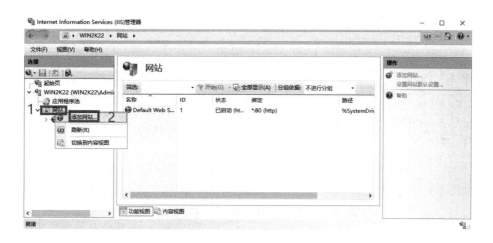

图 13-6 点击"添加网站"

在弹出的对话框中按照图 13-7 所示进行填写。

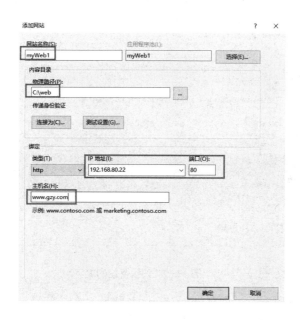

图 13-7 填写网站信息

在图 13-7 中，网站名称是自己命名的；物理路径是 web 网站的具体路径；IP 地址是 Web 服务器的 IP 地址；端口号一般写 80，当然也可以用其他端口；主机名处写的就是客户端要访问的域名地址。

配置完成后如图 13-8 所示。

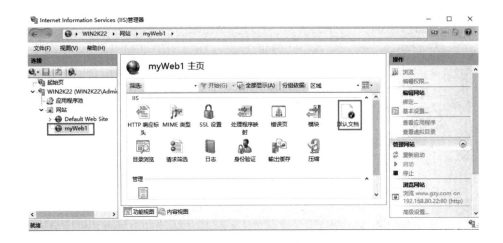

图 13-8　配置 Web 站点后的界面

点击图 13-8 中的默认文档，设置该网站的主页，如图 13-9 所示。

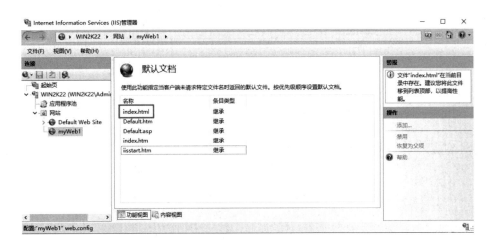

图 13-9　设置网站的主页

在图 13-9 中，把作为主页的 index.html 提到最上面的位置，如果系统提供的默认文档名与网站实际的主页名不一致，还需要另外进行添加。

然后，按照本书第二章"DNS 服务器配置与管理"中所讲述内容进行 DNS 服务器的搭建，并在其中添加相应的记录，如图 13-10 所示。

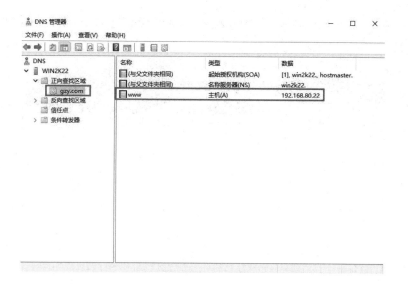

图 13-10　在 DNS 中添加记录

在 WIN7-1 中指定 DNS 服务器的地址，如图 13-11 所示。

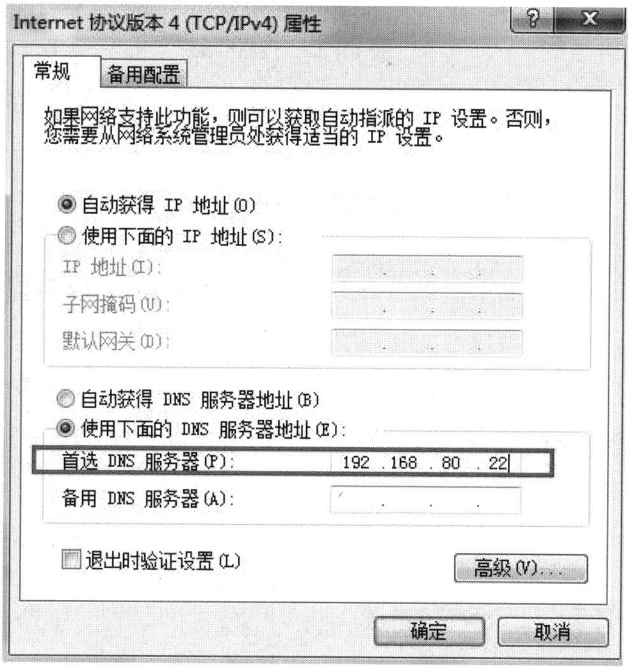

图 13-11　在 WIN7-1 中指定 DNS 服务器的地址

最后，在 WIN7-1 的浏览器中输入 www.gzy.com 这个域名，查看结果，如图 13-12 所示。

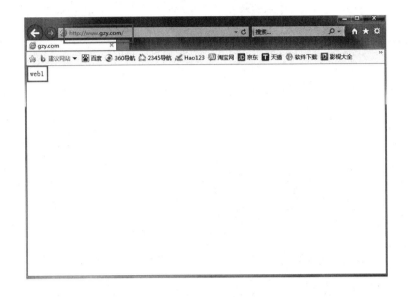

图 13-12　查看结果

从图 13-12 中可以看出，在 WIN7-1 上能够正常访问之前发布的网站。

13.3.2　实验二：通过不同的端口号区分网站

实验内容：新建两个简单网站并在 WIN2K22 上发布，使得这两个网站绑定相同的 IP 地址，但使用不同的端口号，让 WIN7-1 通过不同的 URL 来访问。

新建网站的过程与上一节内容类似，唯一的不同点在于，使得这两个网站绑定相同的 IP 地址，但使用不同的端口号，如图 13-13 和图 13-14 所示。

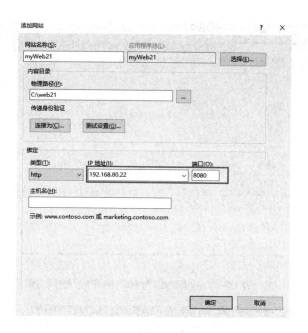

图 13-13 一个网站使用 8080 作为端口

图 13-14 另一个网站使用 8081 作为端口

最终的实验结果如图 13-15 和图 13-16 所示。

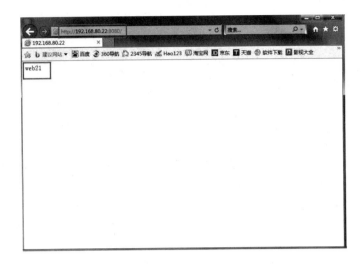

图 13-15　使用端口为 8080 的网站的访问结果

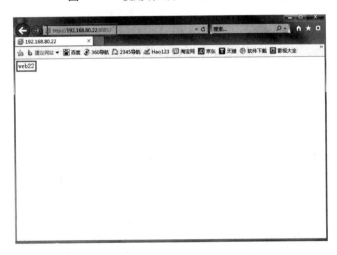

图 13-16　使用端口为 8081 的网站的访问结果

从图 13-15 和图 13-16 所示的结果中可以看出，我们是可以用不同的端口号来区分不同的网站的。

13.3.3　实验三：多个域名访问网站

实验内容：在一个简单的网站上绑定多个域名，分别访问并查看效果。然后再用 IP 地址访问，查看效果。

简单的网站的发布流程，见前述小节。绑定多个域名，关键的操作步骤如图 13-17 所示。

图 13-17　绑定多个域名的操作步骤

在图 13-17 中，选择一个简单的网站，点击右键，在弹出的对话框中选择"编辑绑定"。之后，在弹出的对话框中可以看到，之前在发布网站时，已经绑定了一个域名，如图 13-18 所示。

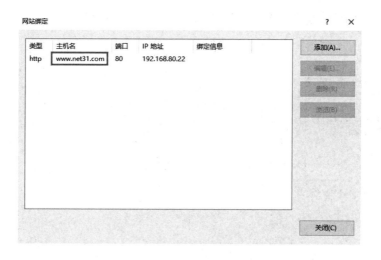

图 13-18　网站已经绑定了一个域名

此时，点击右侧的"添加（A）"按钮，可以继续添加域名进行绑定，如图 13-19 所示。

图 13-19　继续添加域名进行绑定

填写好域名信息后，点击"确定"即可。

之后，在 DNS 服务器中相应添加两条记录，如图 13-20 所示。

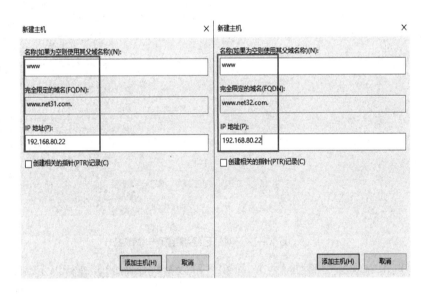

图 13-20　在 DNS 服务器中添加两条记录

最后，便可在 WIN7-1 中测试不同域名的访问效果，如图 13-21 所示。

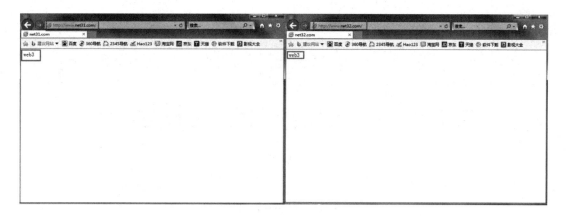

图 13-21　不同域名的访问结果

从图 13-21 中可以看出，我们能通过不同的域名来区分网站。

课后作业

做一个简单的网站，然后将 WIN2K22 配置成一台 Web 服务器，发布该网站，让 WIN7-1 来访问这个网站。

第十四章 VPN 服务器的配置与管理

14.1 VPN 简介

VPN（Virtual Private Network），即"虚拟专用网络"，可以把它理解成虚拟的企业内部专线。VPN 属于远程访问技术，简单地说就是利用公用网络架设专用网络。例如，某企业一名员工到外地出差，他想访问企业内网的服务器资源，这种访问就属于远程访问。

在传统的企业网络配置中，要进行远程访问，方法是租用数字数据网（DDN）专线或帧中继，但这样的通信方法可能会产生高昂的网络通信和维护费用。对于移动用户（移动办公人员）和远端个人用户而言，一般会通过拨号线路进入企业的局域网，但这样会带来安全隐患。

让外地员工能够访问内网资源，利用 VPN 的解决方法就是在内网中架设一台 VPN 服务器。员工在外地连上互联网后，通过互联网连接 VPN 服务器，然后通过 VPN 服务器进入企业内网。为了保障数据安全，VPN 服务器和客户机之间的通信数据都进行了加密处理。有了数据加密，就可以认为数据是在一条专用的数据链路上进行安全传输，就像专门架设了一个专用网络一样，但实际上 VPN 使用的是互联网上的公用链路，因此 VPN 被称为虚拟专用网络，其实质就是利用加密技术在公网上封装出一条数据通信隧道。有了 VPN 技术，用户无论是在外地出差还是在家中办公，只要能连上互联网，就能利用 VPN 访问内网资源，这就是 VPN 在企业中应用得如此广泛的原因。

14.2 VPN 的类型

根据不同的划分标准，VPN 可以被分为以下种类：

第一种分类标准，按照 VPN 的协议分类。

VPN 的隧道协议主要有三种：PPTP、L2TP 和 IPSec，其中 PPTP 和 L2TP 协议工作在 OSI 模型的第二层，又被称为二层隧道协议；IPSec 是第三层隧道协议。

第二种分类标准，按照 VPN 的应用分类。

Access VPN（远程接入 VPN）：客户端到网关，使用公网作为骨干网在设备之间传输 VPN 数据流量。

Intranet VPN（内联网 VPN）：网关到网关，即通过企业的网络架构连接来自同企业的资源。

Extranet VPN（外联网 VPN）：即与合作企业构成外联网，将一个企业与另一个企业的资源进行连接。

第三种分类标准，按照所用的设备类型进行分类。

网络设备提供商针对不同客户的需求，开发出不同的 VPN 网络设备，主要有交换机和路由器。

路由器式 VPN：路由器式 VPN 部署较容易，只要在路由器上添加 VPN 服务即可。

交换机式 VPN：主要应用于连接用户较少的 VPN。

第四种分类标准，按照实现原理进行分类。

重叠 VPN：需要用户自己建立端节点之间的 VPN 链路，主要包括 GRE、L2TP、IPSec 等众多技术。

对等 VPN：由网络运营商在主干网上建立 VPN 通道，主要包括 MPLS、VPN 技术。

14.3 VPN 的应用场景

VPN 有很多应用场景，其中比较典型的有两种：技术支持和访问内网资源。而在技术支持中，有下列三种比较典型的情况：

第一种，通过 VPN 技术拨入其他企业内网，进行远程技术支持。

第二种，让其他企业的计算机通过 VPN 拨入本企业的内网，进行技术支持。

第三种，让其他企业的计算机和本企业员工自己使用的笔记本拨入本企业的内网，进行技术支持。

访问内网资源，主要是指企业员工自己使用的笔记本等拨入企业内网。

14.4　配置远程访问服务器(RAS)

通常情况下，VPN 服务器的配置是通过配置远程访问服务器 (Remote Access Service，RAS) 来实现的。

实验内容：WIN2K22 作为 RAS，WIN7-2 作为内网的一台主机，WIN7-1 作为客户端，实现 WIN7-1 通过 VPN 远程访问 WIN7-2 上的一个共享文件夹

WIN2K22 作为 RAS，则需要一块内网网卡和一块外网网卡，其网卡的设置如图 14-1 所示。

图 14-1　网卡设置

在图 14-1 中，NAT 模式的网卡为外网网卡，VMnet2 网卡为内网网卡。

打开服务器管理器，按照图 14-2 所示点击"添加角色和功能"。

图 14-2　点击"添加角色和功能"

一路保持默认，点击"下一步"，直到如图 14-3 所示页面，按照图中红框勾选"远程访问"。

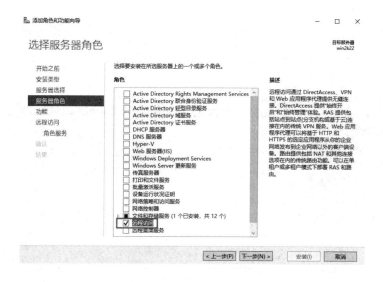

图 14-3　勾选"远程访问"

一路保持默认，点击"下一步"，直到如图 14-4 所示界面，按照图中红框勾选"DirectAccess 和 VPN（RAS）"和"路由"两项。

图 14-4　勾选"DirectAccess 和 VPN（RAS）"和"路由"两项

之后一路保持默认，点击"下一步"，最后，点击"安装"，一段时间后，便可安装完成。安装完成后，会在 Windows 管理工具中看到多出"路由和远程访问"的选项，也会在图 14-5 所示界面中看到一个叹号，点击叹号图标，继续后续的操作。

图 14-5　RAS 安装完成后的配置

此时，会弹出一个对话框，在弹出的对话框中选择"仅部署 VPN（V）"，如图 14-6 所示。

图 14-6　选择"仅部署 VPN（V）"

之后，又会弹出一个对话框，如图 14-7 所示，按照图 14-7 中的红框进行点击。

图 14-7　选择"配置并启用路由和远程访问（C）"

之后，一路保持默认，点击"下一步"，直到图 14-8 所示界面，按照图中所示进行选择。

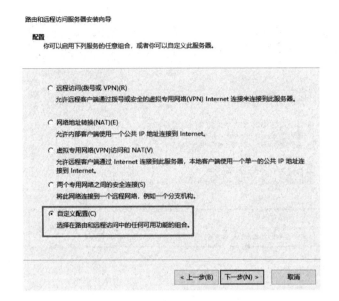

图 14-8　选择"自定义配置（C）"

接着，会弹出一个对话框，如图 14-9 所示，按照图中红框勾选"VPN 访问（V）"和"NAT（A）"。

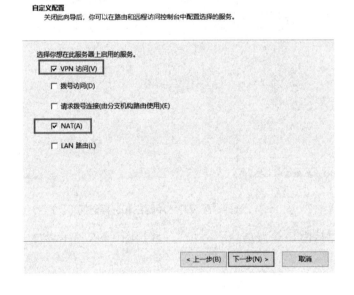

图 14-9　勾选"VPN 访问（V）"和"NAT（A）"

之后，保持默认，点击"下一步"，直到完成。

然后，按照图 14-10 所示界面进行操作。

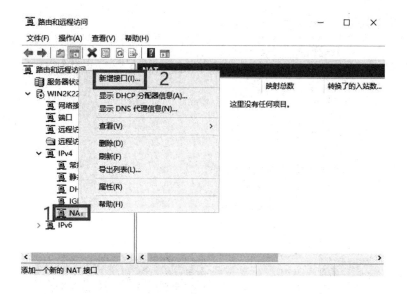

图 14-10　配置 NAT

因为我们打算用 NAT 模式的网卡作为外网，用 VMnet2 模式的网卡作为内网，所以按照图 14-11 所示页面进行操作。

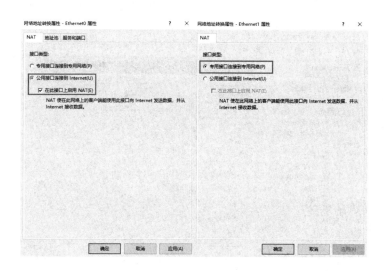

图 14-11　配置内网和外网

接着，如图 14-12 所示，把动态路由协议（RIP 协议）添加好，这样，就不用自己去设置静态路由了。

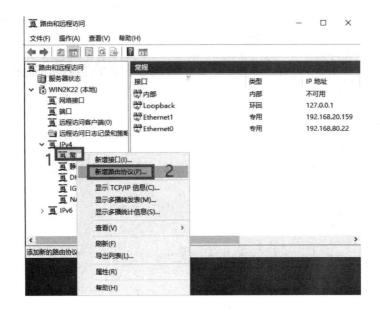

图 14-12　添加动态路由协议

添加完成后，在 RIP 中把相应的接口全部添加进去，如图 14-13 所示。

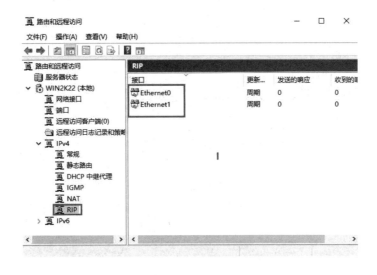

图 14-13　在 RIP 中添加相应接口

之后，设置地址池，这是为接下来连接过来的客户端主机准备的地址，如图 14-14 所示。

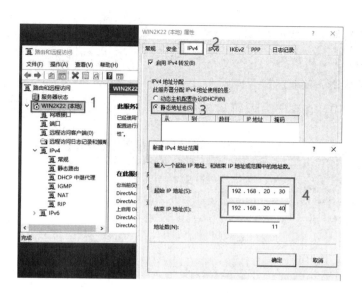

图 14-14　设置地址池

然后，需要为 WIN2K22 的管理员账户设置一个密码，并进行如图 14-15 所示的设置。

图 14-15　设置允许拨入

接着，将 WIN7-2 的网卡设置为 VMnet2，配置好相应的 IP 地址等，再在上面创建一个共享文件夹，并放入一个文本文件，再为 WIN7-2 的管理员账户设置一个密码。

最后，在 WIN7-1 上连接 VPN。

在 WIN7-1 中，在图 14-16 所示页面中，点击"设置新的连接或网络"。

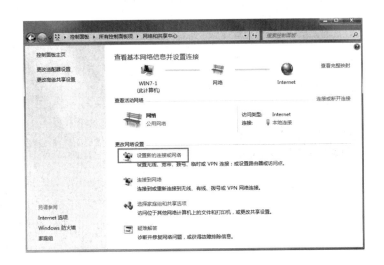

图 14-16　点击"设置新的连接或网络"

在弹出的对话框中，按照图 14-17 所示选择"连接到工作区"。

图 14-17　选择"连接到工作区"

在弹出的对话框中，按照图 14-18 所示选择"使用我的 Internet 连接（VPN）（I）"。

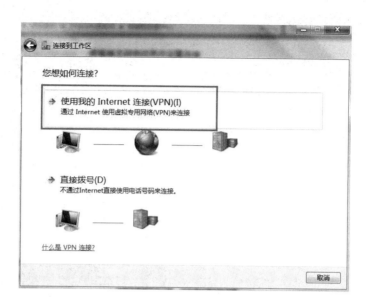

图 14-18　选择"使用我的 Internet 连接（VPN）（I）"

在弹出的对话框中输入相应的信息，如图 14-19 所示。

图 14-19　输入 IP 地址信息

接下来在弹出的对话框中输入 WIN2K22 上的用户信息，如图 14-20 所示。

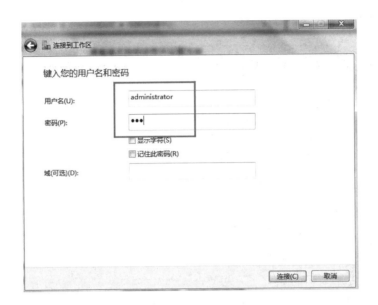

图 14-20　输入 WIN2K22 上的用户信息

之后，点击"连接"，连接成功后，可以在 WIN7-1 的命令提示符中输入命令 "ipconfig /all"，查看其 IP 地址等信息，如图 14-21 所示。

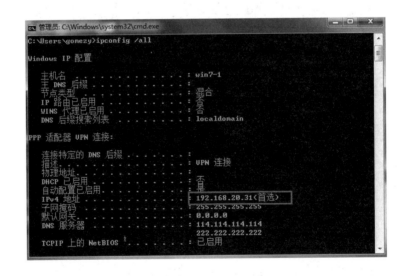

图 14-21　WIN7-1 的 IP 地址等信息

从图 14-21 中可以看出，WIN7-1 获得了刚才设置的地址池中的一个地址。所以，从某种意义上讲，当客户端与 VPN 连接成功后，就相当于把客户端主机放进了 VPN 内网，成了一台内网主机。

然后，在 WIN7-1 上测试一下访问 WIN7-2 的共享文件的效果。在 WIN7-1 的运行中输入访问共享文件夹的路径，在网络上找到 WIN7-2 后，输入相应的用户信息，如图 14-22 所示。

图 14-22　输入相应的用户信息

最后，得到的访问结果如图 14-23 所示。

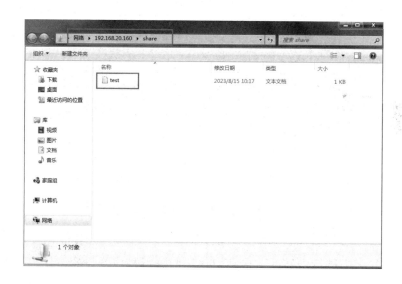

图 14-23　最终访问结果

从图 14-23 中可以看出，WIN7-1 能够正常访问 WIN7-2 上的共享文件夹。

14.5　VPN 应用小实验

14.5.1　实验一：通过 VPN 访问内网，外网直接访问

实验内容：VPN 服务器的配置可以通过配置 RAS 服务器来实现，现在，若 WIN7-1 连接了 VPN，那么，WIN7-1 访问 Internet 是通过 RAS 来中转的。

在本实验中，我们进行相应的设置，使得 WIN7-1 通过 VPN 访问内网，访问 Internet 能直接访问。

先使 WIN7-1 连接 VPN 服务器，然后，打开抓包工具，在 WIN7-1 上 Ping www. baidu.com，查看抓取的数据，如图 14-24 所示。

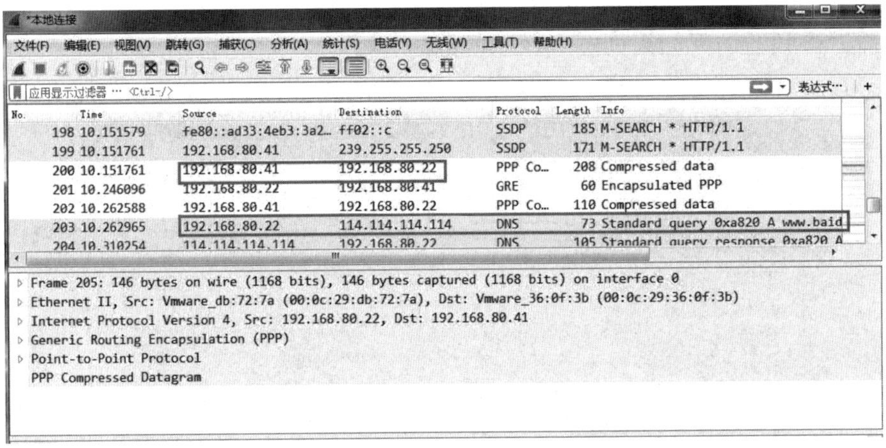

图 14-24　抓包工具抓取的数据

从图 14-24 中可以看出，在设置之前，WIN7-1 访问百度时都是由 RAS（IP 地址为 192.168.80.22）来进行中转的。接下来，我们进行相应的设置，使得 WIN7-1 访问内网主机时才通过 RAS 来中转，而访问 Internet 能自行直接访问，不通过 RAS 中转。

设置的关键步骤如图 14-25 到图 14-28 所示。

先在 WIN7-1 中的 VPN 连接页面按照图 14-25 所示进行设置。

图 14-25　去掉勾选"在远程网络上使用默认网关（U）"

之后，断开 VPN 连接，再重新连接 VPN。

重新连接后，在 WIN7-1 的命令提示符中输入"ipconfig /all"命令，可以看到如图 14-26 所示界面。

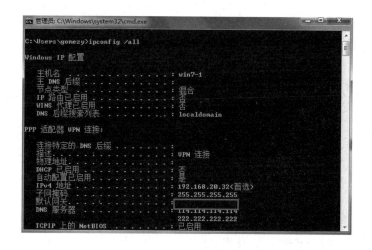

图 14-26　WIN7-1 的 IP 地址等信息

从图 14-26 中可以看出，WIN7-1 的内网的默认网关为空，而默认网关的本质是"下一跳给谁"，因此，需要在 WIN7-1 的命令提示符中输入命令"route add 192.168.20.0 mask 255.255.255.0 192.168.20.32"，这个命令的意思是到内网（这里是 192.168.20.0/24）的下一跳就给 VPN 服务器分配给它的内网地址，即下一跳给 192.168.20.32。这样设置后，就可以测试效果了，如图 14-27 和图 14-28 所示。

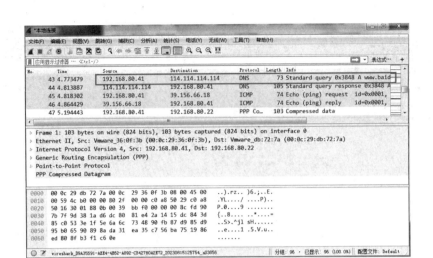

图 14-27　设置后访问外网的情况

图 14-28　设置后访问内网的情况

从图 14-27 和图 14-28 中可以看到，设置后，WIN7-1 访问 Internet 是自行直接访问的，但是访问内网是通过 RAS 来访问的。

14.5.2　实验二：端口映射拨 RAS

实验内容：WIN2K22 作为内网的 RAS 服务器，WIN7-2 作为内网的某台主机，WIN2K8 作为路由器，WIN7-1 作为客户端，用端口映射的方式，让 WIN7-1 拨号 WIN2K22，实现 WIN7-1 Ping WIN7-2 能够 Ping 通。

这个实验的拓扑如图 14-29 所示。

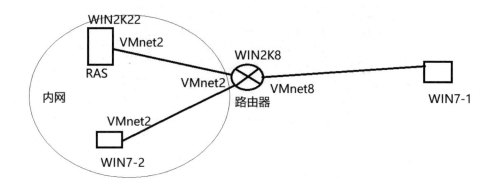

图 14-29 端口映射拨 RAS 实验拓扑

这个实验的有些步骤和前面章节类似，这里不再赘述，只说明几个与前面章节不同的关键地方：在这个实验中 WIN2K22 只需要一块网卡，即 VMnet2，因此，在配置 WIN2K22 成为 RAS 服务器时需要根据这一变化进行调整，有兴趣的读者可以自行演练，需要注意的是 WIN2K22 此时的网关要写 WIN2K8 对内的地址。在 WIN2K8 上设置好 NAT 的内网和外网接口，并且添加动态路由协议且把相应的接口加进去。在 WIN2K8 对外的接口处，右键点击"属性"，在弹出的对话框中按照图 14-30 所示勾选 "VPN 网关（PPTP）"。

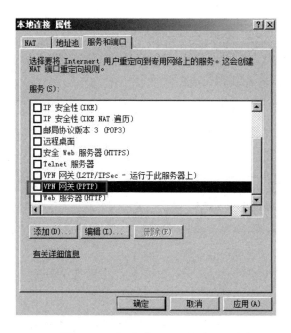

图 14-30 勾选 "VPN 网关（PPTP）"

在弹出的对话框中输入 WIN2K22 的 IP 地址，如图 14-31 所示。

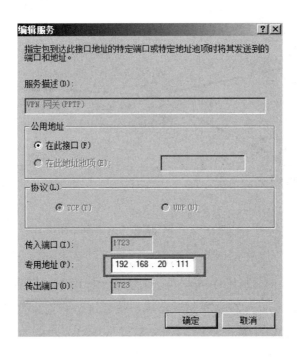

图 14-31　输入要映射的 IP 地址

在 WIN7-1 中，在添加 VPN 连接时，输入 WIN2K8 对外的地址，即 "192.168.80.7"，如图 14-32 所示。

图 14-32　输入 WIN2K8 对外的地址

连接成功后，便发现 WIN7-1 能 Ping 通 WIN7-2，如图 14-33 所示。

图 14-33 WIN7-1 能 Ping 通 WIN7-2

从图 14-33 中可以看出，经过设置，WIN7-1 能通过端口映射的方法连接内网 VPN 服务器，进而使用相应的功能。VPN 服务器用于内网的情形十分常见，因此这个实验非常具有实践价值。

课后作业

将 WIN2K22 配置成一台 RAS，WIN7-2 作为内网的一台主机，WIN7-1 作为客户端，实现 WIN7-1 通过 VPN 远程访问 WIN7-2 上的一个共享文件夹

第十五章　性能监视与优化

15.1　网络性能概述

15.1.1　网络性能好坏的判定标准

网络性能指标，是衡量网络性能的指标，包括带宽、时延、带宽时延积。

带宽，又叫频宽，表示数据的传输能力，指单位时间内能够传输的比特数。高带宽意味着传输能力强。数字设备中的带宽用 bps（b/s）表示，即每秒最高可以传输的位数。模拟设备中的带宽用 Hz 表示，即每秒传送的信号周期数。通常描述带宽时省略单位，如 10 M 实质是 10 Mb/s。本地局域网（LAN）和广域网（WAN）都使用带宽来描述在一定时间范围内能够从一个网络节点传送到另一个网络节点的数据量。带宽分为模拟带宽和数字带宽，本书所述的带宽指数字带宽。

时延又称延迟（delay），定义了网络把数据从一个网络节点传送到另一个网络节点所需要的时间。网络延迟主要由传播延迟（propagation delay）、交换延迟（switching delay）、介质访问延迟（access delay）和队列延迟（queuing delay）等组成。总之，网络中产生延迟的因素有很多，延迟既受网络设备的影响，也受传输介质、网络协议标准的影响；延迟既受硬件制约，也受软件制约。由于物理规律的限制，延迟是不可能被完全消除的。在网络延迟中，服务器的响应速度则是网络管理人员需要重点关注的因素。

带宽时延积则是带宽和时延二者综合的一个指标。

15.1.2　网络性能瓶颈

这里的瓶颈主要是指服务器的性能影响网络性能。例如，服务器的内存较小，或者服务器的 CPU 的处理速度慢，这些都能够影响网络性能。

　　要想查找网络性能的瓶颈，就必须测量系统中不同资源的运行速度。速度测量使用户能够找出因处于峰值执行状态而导致瓶颈的资源。不同的资源需要不同的衡量方法，例如，网络流量用利用率百分比来衡量，而磁盘吞吐率则用每秒兆字节来衡量。

　　要想查找服务器中的瓶颈，可以使用性能监视器应用程序。然后，把服务器的负荷降低至导致所想要的性能更低的范围之下。

　　性能与网络监视器会为用户提供几个方便的衡量方法，以便用户进行更深入的探索，精确地查找瓶颈。例如，在显示处理器时间及磁盘时间之后，用户发现磁盘正处于运行峰值，那么就知道应该集中精力于与磁盘相关的衡量方法。或者，如果网络监视器显示网络处于界限负荷之下，那么就应该查找正处于极限传输状态的客户机，并确定那些客户机的信息流量是否合适。如果经查证，发现情况果真如此，那么就应该争取把子网进一步分成两个以上的子网段或者更新至更快的数据链路。

　　查找瓶颈仅仅是成功的一半，更重要的工作是如何消除找到的瓶颈。用户通常能够使用更详细的测量方法，以确定使网络负载下降的具体活动。例如，如果确定了网络利用率高，那么应该使用网络监视器确定是哪一台计算机产生了那么大的负荷，原因又是什么。也许是网络上存在一台失灵的设备，其产生了沉重的信息量；也许是复制或备份计划产生了远超预期的网络流量。以上这些问题都易于纠正。

　　一旦消除了系统中的主要瓶颈，就应该重新查找并消除下一个新的瓶颈。系统中总是有瓶颈存在的。因此，查找影响网络性能的瓶颈并将其消除的工作需要管理员重复不断地进行。

15.2　性能监视器

　　WIN2K22 的性能监视器的打开途径为：Windows 管理工具—性能监视器，其界面如图 15-1 所示。

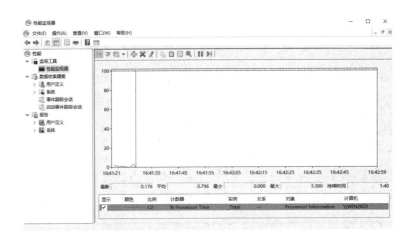

图 15-1　性能监视器界面

Windows 性能监视器是一个 Microsoft 管理控制台（MMC）的管理单元，提供用于分析系统性能的工具。仅通过一个单独的控制台，即可实时监视应用程序和硬件性能，自定义要在日志中收集的数据，定义警报和自动操作的阈值，生成报告以及以各种方式查看过去的性能数据。

15.3　资源监视器

WIN2K22 的资源监视器的打开途径为：Windows 管理工具—资源监视器，其界面如图 15-2 所示。

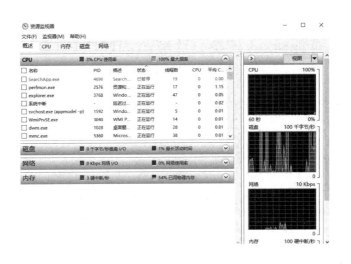

图 15-2　资源监视器界面

资源监视器能够监测服务器的 CPU、内存、硬盘和网络等信息，便于管理员迅速找出系统中存在的瓶颈，进而快速做出相应的处理，保证系统流畅运行。

课后作业

熟悉性能监视器和资源监视器的使用方法。

参考文献

[1] 高升 .Windows Server 2003 系统管理 [M]. 北京：清华大学出版社，2010.

[2] 韩立刚 . 玩转虚拟机：基于 VMware+Windows[M]. 北京：中国水利水电出版社，2016.